应用型本科院校"十三五"规划教材/经济管理类

Office Automation Training Course

办公自动化实训教程

主 编 牟丽娟 李 刚

副主编 李丽娜 徐菡博

主 审 梁凤霞

U0222424

 哈尔滨工业大学出版社
HARBIN INSTITUTE OF TECHNOLOGY PRESS

内 容 简 介

本书共分为上、下两篇,上篇为理论基础,分别介绍了当前最常用的计算机操作系统 Windows 7 的使用方法,Microsoft office 2010 套装中最常用的三个软件 Word 2010、Excel 2010 和 PowerPoint 2010 的操作技巧。Word 2010 和 Excel 2010 从实例导读、实例分析、技术要点、操作步骤和实例总结五个方面,全面、系统地分析了每个实例在应用 Word 2010 和 Excel 2010 过程中的方法和技巧。而 PowerPoint 2010 则首先介绍了框架与母版、动画、版式和图表以及发布与播放等几个重要功能,最后从一个案例入手,重点介绍了 PowerPoint 2010 的使用方法和技巧。下篇为 OA 应用软件操作,介绍了用友 U8 - OA 办公自动化软件的实际操作过程。用友 U8 - OA 通过对协同工作管理的长期研究,探索出以团队工作管理为重心,以组织管理学和组织行为学为管理理论基础,基于 PDCA 管理循环(计划、执行、检查、控制)的主线,针对组织流程和组织工作行为中的沟通、任务分配、资源整合等操作,以人为中心,以流程、事件、时间、资源为基础,形成支撑组织分时、异地、高效、高质协作的管理软件——用友 U8 - OA。

通过对本书内容的学习,学生可以进一步掌握信息技术和办公软件操作方面的知识、OA 软件的应用以及办公设备的基本工作原理和维护方法,从而熟练地使用计算机和现代办公设备。本书适合作为高职高专、应用技术型本科院校办公自动化课程的教材,或作为企事业单位职员提高办公自动化水平的培训教材,也可供对办公自动化感兴趣的读者参考及使用。

图书在版编目(CIP)数据

办公自动化实训教程/牟丽娟,李刚主编. —哈尔滨:哈尔滨工业大学出版社,2017.7

应用型本科院校"十三五"规划教材

ISBN 978 - 7 - 5603 - 6589 - 3

Ⅰ.①办… Ⅱ.①牟… ②李… Ⅲ.①办公自动化—应用软件—高等学校—教材 Ⅳ.①TP317.1

中国版本图书馆 CIP 数据核字(2017)第 088045 号

策划编辑　杜　燕

责任编辑　张　瑞　宗　敏

出版发行　哈尔滨工业大学出版社

社　　址　哈尔滨市南岗区复华四道街 10 号　邮编150006

传　　真　0451 - 86414749

网　　址　http://hitpress.hit.edu.cn

印　　刷　黑龙江艺德印刷有限责任公司

开　　本　787mm×1092mm　1/16　印张16.25　字数 370 千字

版　　次　2017 年 7 月第 1 版　2017 年 7 月第 1 次印刷

书　　号　ISBN 978 - 7 - 5603 - 6589 - 3

定　　价　32.00 元

《财经类技术应用系列教材》编委会

主　　任　线恒录　李英琦

副　主　任　梁凤霞　陈红梅

　　　　　　田凤萍　高景海

委　　员　王春燕　盛文平

　　　　　　刘莹莹　尚红岩

　　　　　　李　刚

总　序

　　哈尔滨工业大学出版社策划的《应用型本科院校"十三五"规划教材》即将付梓,诚可贺也。

　　该系列教材卷帙浩繁,凡百余种,涉及众多学科门类,定位准确,内容新颖,体系完整,实用性强,突出实践能力培养。不仅便于教师教学和学生学习,而且满足就业市场对应用型人才的迫切需求。

　　应用型本科院校的人才培养目标是面对现代社会生产、建设、管理、服务等一线岗位,培养能直接从事实际工作、解决具体问题、维持工作有效运行的高等应用型人才。应用型本科与研究型本科和高职高专院校在人才培养上有着明显的区别,其培养的人才特征是:①就业导向与社会需求高度吻合;②扎实的理论基础和过硬的实践能力紧密结合;③具备良好的人文素质和科学技术素质;④富于面对职业应用的创新精神。因此,应用型本科院校只有着力培养"进入角色快、业务水平高、动手能力强、综合素质好"的人才,才能在激烈的就业市场竞争中站稳脚跟。

　　目前国内应用型本科院校所采用的教材往往只是对理论性较强的本科院校教材的简单删减,针对性、应用性不够突出,因材施教的目的难以达到。因此亟须既有一定的理论深度又注重实践能力培养的系列教材,以满足应用型本科院校教学目标、培养方向和办学特色的需要。

　　哈尔滨工业大学出版社出版的《应用型本科院校"十三五"规划教材》,在选题设计思路上认真贯彻教育部关于培养适应地方、区域经济和社会发展需要的"本科应用型高级专门人才"精神,根据黑龙江省委书记吉炳轩同志提出的关于加强应用型本科院校建设的意见,在应用型本科试点院校成功经验总结的基础上,特邀请黑龙江省9所知名的应用型本科院校的专家、学者联合编写。

　　本系列教材突出与办学定位、教学目标的一致性和适应性,既严格遵照学科体系的知识构成和教材编写的一般规律，又针对应用型本科人才培养目标及与之相适应的教学特点，精心设计写作体例，科学安排知识内容，围绕应用讲授理论，做到"基础知识够用、实践技能实用、专业理论管用"。同时注意适当融入新理论、新技术、新工艺、新成果，并且制作了与本书配套的 PPT 多媒体教学课件，形成立体化教材，供教师参考使用。

《应用型本科院校"十三五"规划教材》的编辑出版，是适应"科教兴国"战略对复合型、应用型人才的需求，是推动相对滞后的应用型本科院校教材建设的一种有益尝试，在应用型创新人才培养方面是一件具有开创意义的工作，为应用型人才的培养提供了及时、可靠、坚实的保证。

希望本系列教材在使用过程中，通过编者、作者和读者的共同努力，厚积薄发、推陈出新、细上加细、精益求精，不断丰富、不断完善、不断创新，力争成为同类教材中的精品。

序

应用型本科是高等教育的一支独具特色的力量,在我国经济和社会发展中的地位和作用日渐突出。本系列教材吸收借鉴了 ERP(企业资源计划)的最新研究成果和国内外同类优秀教材的成熟经验,立足于我国应用型本科院校的人才培养目标,结合编写者在教学与科研工作中的知识积累与经验积淀,注重理论与实践相结合,注重培养学生的创新思维能力和分析解决实际问题的能力。

本系列教材在内容上坚持以基本理论为基础,以市场为主线,以企业运营模式为主体进行整体规划,力求将原理、方法和应用融为一体;在形式上,通过学习目标、引导案例来体现总体设计思路,充分展示多角度的策略分析战略。

本系列教材在编写过程中重点突出以下特点:

1. 逻辑性强。在总体布局上,以模拟企业的业务活动为资料,按照会计核算与企业管理的基本要求,设计信息化解决方案,使学生切身感受到手工处理和计算机处理之间的岗位设置、业务流程、工作效率等方面的差异,有利于培养学生科学的思维方式。

2. 实践性强。在内容安排上,确保理论够用,突出实践导向,各章节安排的案例按照企业信息化实施进程展开,主要包括企业调研、方案设计、数据准备和上线运行。各环节源于实际,有利于培养学生的创新应用能力。

3. 拓展性强。ERP 系统是当今世界企业经营与管理技术进步的代表,核心价值是通过系统的计划和控制、有效配置各项资源,提升企业竞争力。教材在编写中采用体验式教学方法,通过一定的情境和载体,有效培养学生独立思考问题、分析问题和解决问题的能力,促进学生知识、能力、素质的全方位提高。

本系列教材的适用对象为应用型本科院校的经济类、管理类本科生,尤其是会计学、财务管理、市场营销、人力资源等专业的本科生。

线恒录

2016 年 3 月

前　言

随着科学技术特别是计算机及信息技术的发展,办公自动化技术有了很大的飞跃。办公自动化作为当今社会高速发展的一门综合了多种技术的新型学科,具有广泛的应用前景。

本书通过阐述相关的现代计算机应用技术知识,使学生了解办公自动化的现状及发展趋势;通过对 OA 办公自动化这一具体实例的讲解与分析,使学生掌握运用办公自动化设备进行信息处理的基本方法与技能,提高办事质量和效率。

本应用教材阐述现代化网络办公理论,传授实用办公自动化技术,讲解 OA 办公自动化应用。按照本科教学大纲要求选取内容,以简洁流畅的文笔,精炼而准确地讲解了办公自动化中信息处理的基本概念、方法、技能,突出该知识体系的科学性和实用性,着重培养学生技能操作能力。在重点章节配有习题,可供读者自测使用。

本书共分为上、下两篇,分别从理论和实践两个方面介绍了办公自动化。

上篇介绍办公自动化的理论知识以及办公自动化中的信息处理方法。主要介绍办公自动化中常用的办公软件及使用方法,包括文字、表格及演示文稿的处理,网络技术,网络安全等,此外还介绍了办公自动化中常用设备的正确使用与维护方法及相关软件工具的使用。

下篇介绍用友 U8 - OA 办公自动化软件的主要功能及操作过程。用友 U8 - OA 软件的研发人员通过对协同工作管理的长期研究,探索出以团队工作管理为重心,以组织管理学和组织行为学为管理理论基础,基于 PDCA 管理循环(计划、执行、检查、控制)的主线,针对组织流程和组织工作行为中的沟通、任务分配、资源整合等操作,以人为中心,以流程、事件、时间、资源为基础,形成支撑组织分时、异地、高效、高质协作的管理软件——用友 U8 - OA。

本书内容兼具理论介绍和实践分析,"硬件""软件"并重。在介绍理论知识的同时,注重实践技能的训练。本书可作为高等院校办公自动化课程的教材,也可作为广大计算机爱好者的自学用书或企事业单位文秘等工作人员的培训教材。

本书由牟丽娟、李刚担任主编。上篇(理论部分)由哈尔滨剑桥学院工商管理学院的徐蔺博老师和牟丽娟老师编写,其中第一、二章由徐蔺博老师编写,第三~八章由牟丽娟老师编写。下篇(实践部分)由哈尔滨剑桥学院工商管理学院的李刚老师和李丽娜老师编写,其中实验一~九由李刚老师编写,实验十~十六由李丽娜老师编写。

本书在编写过程中得到了哈尔滨剑桥学院工商管理学院的高景海院长的大力支持,此外,本书由哈尔滨理工大学梁凤霞教授担任主审,梁教授对本书的编写提出了很多极具建设性和指导性的建议,在此对两位教授的关心和支持表示衷心感谢。由于编者水平有限,书中可能存在纰漏和不足,请读者多提修改意见。

作　者

2017 年 6 月

目 录

上篇 理论篇

下篇　实践篇

上 篇

理 论 篇

第一章

Chapter 1

办公自动化基础

第一节　办公自动化系统概述

办公自动化(Office Automation,OA)这一术语是由美国通用汽车公司 D. S. 哈持于 1936 年首先提出来的。自此以后的几十年里,OA 专家们对其进行了热烈的讨论。专家们各抒己见,共同得出了管理与办公活动是人类社会活动的重要组成部分的结论。随着经济、科技与社会的发展,管理与办公活动的重要性日益突出,引起了领导者、管理学者和技术人员等的普遍重视,一大批与此相关的学科应运而生,发展迅速。20 世纪 60 年代以来,随着微电子技术与通信技术的发展,特别是电子计算机的发展,办公室也开始了以自动化为重要内容的"办公室革命"(或称"管理革命")。借助先进的技术与设备提高办公效率与质量,将管理与办公活动纳入自动化、现代化的轨道。

进入 20 世纪 90 年代以后,计算机网络的发展不仅为办公自动化提供了信息交流的手段与技术支持,更使办公活动超越办公室、超越地区和国界,跨时空的信息采集、信息处理与利用成为可能。它的发展为办公自动化赋予了新的内涵和应用空间,同时也提出了新的问题与要求。正是基于这一点,在 2000 年 11 月召开的 OA'2000 办公自动化国际学术研讨会上,专家们建议将办公自动化(Office Automation)更名为办公信息系统(Office Information Systems,OIS),他们认为:办公信息系统是以计算机科学、信息科学、地理空间科学、行为科学和网络通信技术等现代科学技术为支撑,以提高专项和综合业务管理和辅助决策的水平效果为目的的综合性人机信息系统。在该系统中,指导思想是灵魂、规范标准是基础、信息资源是前提、硬件设备和软件系统是工具、系统管理和维护是保证、系统应用是目的。

办公自动化是应用计算机技术、通信技术、系统科学、行为科学等先进科学技术,不断使人们的部分办公业务借助于各种办公设备,并由这些设备与办公人员构成服务于某种目标的人机信息系统。

第二节　办公自动化系统环境

一、办公自动化系统的硬件环境

办公自动化系统的硬件环境是由以计算机为核心的相关设施所组成的。

1.计算机及相关设备选择

办公自动化系统的硬件包括计算机、计算机网络、通信线路和终端设备。其中计算机是办公自动化系统的主要设备,因为办公人员的业务操作绝大部分都依赖于计算机。计算机是以一种能够自动、快速、高效地按照人们预先设计好的程序进行数值计算和信息处理的多功能电子设备,它具有准确、快速、逻辑性和通用性强的特点,在人类活动的各个领域都得到了广泛的应用。

按数据处理规模大小分,计算机有巨型计算机、大型计算机、中型计算机、小型计算机和微型计算机等机型。

微型计算机硬件主要由主机和外部设备组成,各部分的性能指标都会影响到整机的性能,进而会影响到整个办公系统的工作效率。

2.文字处理机选择

文字处理机必须具有文字输入、输出、存储和编辑等功能,主要以提高编写新文件的效率和质量为目的。

文字处理机从功能上分为两种:文字打字机和文字处理机。

(1)文字打字机。结构简单、易操作,常采用主机和打印机连体的形式,便于携带。打字输出功能较全,可对字形、字体、字号、输出版面的设计进行定义。但文稿编辑功能较弱,存储空间小,通常不具备通信功能。

(2)文字处理机。结构复杂、功能强,加强了文稿编辑和排版功能,有大容量存储设备和通信功能,可进行多机之间的资源共享。文字处理机采用交互式操作方法,用菜单指导用户操作。它是由文字输入、文字编辑和印刷设备三部分组成的。

由于单独的文字处理机功能有限,目前绝大部分已经被微型计算机系统和文字处理软件所代替。

3.事务处理机选择

事务处理机主要用来处理办公室的各种例行事务,包括基本办公事务和机关行政事务两种。

(1)基本办公事务。包括:文字、数据的采集和处理,个人日程管理,个人文件库管理,行文办理,邮件处理,文稿资料管理,编辑排版,快速印刷和电子报表等。

(2)机关行政事务。包括:人事、工资、财务、房产、基建、车辆和各种办公用品等的管理。

具有通信功能的多机事务处理系统可用于电子会议,电子邮递,国际联机情报检索,系统加密,声音、图形和图像处理,电子日程管理,电子文件档案管理,电子行文办理以及某些专门业务领域的办公事务处理,如信息处理、法律条文管理等。

事务处理系统的基本要求是完成办公信息的采集、处理、存储和传递。

为实现事务处理的功能,有多种方法可以实现信息传递。最简单的,如传送载有办公信息的软磁盘;利用多用户分时系统的通信;通过局域网或程控交换机系统的信息通信;通过计算机网络的远距离信息通信。

为实现事务处理的功能,有多种计算机配置可供选择。根据单位的级别、职能、规模大小等的差别,事务处理系统有:单机单用户系统、多用户分时系统、局域网络系统、程控交换机系统和远程事务处理系统五种。

4.计算机网络选择

计算机网络是将地理位置不同并具有独立功能的多个计算机系统通过通信设备和线路连接起来,借助网络软件(网络协议和网络操作系统等)实现计算机资源共享和信息交换的系统。计算机网络的主要目的在于实现资源共享。资源共享是指网络用户能够利用网络上其他计算机系统的资源,包括软件资源和硬件资源。

计算机网络的主要功能有:硬件资源共享、软件资源共享和信息交换。

计算机网络的分类方式有多种,按地理范围可以分成局域网、城域网和广域网三种类型。①局域网(Local Area Network,LAN):是指地理范围在几百米到十几千米以内的计算机网络。通常由在一个小型单位内或办公楼群、校园内的计算机连接构成。②城域网(Metroplitan Area Network,MAN):是一种大型的计算机通信网,地理范围介于广域网和局域网之间。通常为几千米到几十千米,运行方式接近于局域网。③广域网(Wide Area Network,WAN):广域网的地理覆盖区域很大,通常在几千米到几千、几万千米。网络范围可以跨越城市、地区、国家乃至全球。当前世界上最大的广域网是 Internet。

常用的网络硬件设备有:服务器、工作站、网络适配器、网络传输介质、网络互联设备。

(1)服务器。

服务器(Server)是网络中的核心设备。它运行网络操作系统和服务器软件,负责网络资源管理和网络通信,并按网络工作站提出的请求,为网络用户提供服务。

服务器按它提供的服务可划分为三种基本类型:文件服务器、打印服务器和应用服务器。

服务器在运行网络操作系统的同时,还要处理来自工作站的请求。例如:访问服务器硬盘、申请打印排队、与其他设备进行通信等,服务器对这些请求的接收、响应和处理均需花费时间。因此,网络越大、用户越多、服务器的负荷越大,对服务器的整机性能(主要是 CPU 速度、内存容量、磁盘容量、可靠性等)要求越高。服务器的选择对整个网络的性能有着决定性的影响。一般文件和打印服务器对服务器的处理性能要求不高,但对磁盘容量、磁盘吞吐率要求却很严格;而应用服务器则要求服务器有极高的处理性能,以减少响应的延迟。在要求不高的情况下,带大容量硬盘的微机便可作为文件和打印服务器;而应用服务器则应选用高档微机、专用服务器或小型计算机等。

(2)工作站。

工作站(Work Station),有时也称为客户机(Client),是网络用户进行信息处理的计算机。工作站的配置比较灵活,一般的微机和专用工作站均可用作工作站。在工作站一般安装有支持网络的操作系统和网络客户端软件。工作站既可单机使用,为用户提供本地服务;也可以联网使用,供用户请求网络系统服务,例如访问网上资源等。

(3)网络适配器。

网络适配器,又称网卡或网络接口卡(NIC[①]),它是局域网中的通信控制器或通信处理机,负责执行通信协议,实现从网络或向网络收发通信报文。典型的网络适配器由接口控制电路、数据缓冲器、串/并转换电路、数据链路控制器、编码/解码电路、内部收发器、介质连接装置等七大部分组成。选择网卡时,必须首先确保网卡适用的局域网络系统(如以太网或令牌环网)和电缆介质(如细同轴电缆或双绞线);另外应选用具有高性能价格比的产品。

网卡的性能主要取决于总线宽度和卡上内存。网卡的总线宽度与计算机总线对应,对于微机,一般要选用PCI[②]总线网卡。网卡上内存大一些可以缓存更多的数据。某些网卡上还有处理器(通常称为智能网卡),从而可大大减轻主机CPU的负担,提高主机的性能。

(4)网络传输介质。

网络传输介质是在网络通信中实际传送信息的载体。计算机网络中采用的物理传输可分为有线和无线两大类。双绞线、同轴电缆和光纤是常用的三种有线媒体。卫星、无线电通信、红外通信、激光通信以及微波通信传送信息的载体都属于无线媒体。

(5)网络互联设备。

为了实现更大范围的资源共享和信息交流,我们需要将多个计算机网络互联在一起而成为互联网。网络互联依靠网络连接设备,常用的网络互联设备有如下几种:

①中继器。中继器常用于局域网扩展。它是一种最简单的连接设备,作用是将网络上的一个电缆段上传输的信号进行放大和整形,再发送到另一个电缆段上去。主要用来扩展网络电缆的长度。用中继器连接后的局域网在物理上仍是一个大的物理网络。

②网桥。网桥主要用于局域网与局域网之间的互联。它的主要作用是将两个以上的局域网互联为一个逻辑网,以减少网上的无用通信量,提高整个网络的性能。它还有一个作用是扩大了网络的物理范围。

③路由器。路由器主要用于局域网和广域网、广域网和广域网之间的互联。用路由

---

① NIC:Network Interface Card。

② PCI:Peripheral Component Interconnect,外围部件互联,一种被当前PC机广泛采用的先进局部总线技术。

器互联起来的网络是多个不同的逻辑网(即子网)。它不仅能够连接互联同类网,也能够互联异类网。路由器具备的两个最基本的功能是路由选择和数据转发。

④网关。网关在互联设备中属于较复杂的一种设备,主要用于不同体系结构的网络之间的互联。网关的主要功能是完成协议转换。

⑤网络的拓扑结构。网络拓扑是指网络的物理连接方式,不考虑节点的位置和连接线路的具体形状,只考虑它们之间的连接关系。通常网络的拓扑结构有总线形、星形、环形、树形、网状和混合型等。

二、办公自动化系统软件环境

1.计算机软件及其环境选择

计算机软件环境是办公自动化系统能够有效地发挥作用的基本条件。计算机软件系统分为系统软件和应用软件两类。系统软件为应用软件的开发和运行提供工作环境,计算机的运行和应用软件的开发都离不开系统软件,如 Unix、Linux、Windows Xp、Windows 2000、Windows NT、Windows 98 等。应用软件包括通用软件和办公自动化系统专用软件。通用软件是指可以商品化、大众化的办公应用软件,如 Word、Excel、WPS 等;办公自动化系统专用软件是指面向特定单位、部门,有针对性地开发的办公应用软件,如事业机关的文件处理、会议安排,公司企业的财务报表、市场分析等。

2.字处理软件选择

字处理软件是一种工具型应用软件,需配置到字处理机上使用。其作用是产生新的信息,并把新信息及时地提供给有关人员,或把信息存储起来使用。

字处理软件必须具有良好的输入、编辑、输出功能。字处理功能的强弱,除了硬件支持环境以外,主要取决于字处理软件的好坏。

目前常用的字处理软件主要有微软公司的 WORD 字处理软件、金山公司的 WPS 字处理软件和永中科技的永中 Office 软件。

3.事务处理软件选择

事务处理软件是为各种规律性的办公事务处理而开发的,其主要目标是:提高办公效率和质量,减轻工作量。这类软件是整个办公自动化系统的基础,担负各种办公信息的采集、加工、存储和传递,为决策者提供基础信息。

4.办公自动化系统集成软件选择

办公自动化系统集成软件由不同的独立程序模块组成,既可独立地支持某一项办公业务处理,又可以以组合方式将这几个独立模块组装成一个特定的应用系统,完成指定的任务。为使其充分发挥作用,要求它们必须有良好的接口。在办公自动化系统中要考虑不同种语言在不同机器上书写的程序能否做到"调用一致",以及考虑系统层次结构而设立预留接口。

5. 网络软件选择

网络软件是一种在网络环境下运行使用或控制和管理网络工作的计算机软件。计算机网络软件可以分成网络系统软件和网络应用软件两类。

网络系统软件是控制和管理网络运行,提供网络通信和管理资源共享的网络软件,它包括网络操作系统、网络协议软件、通信控制软件和管理软件等;网络应用软件是指专为某一个具体的应用目的而设计的网络软件。

第三节　办公自动化系统

一、OA 系统的构成要素

一个典型的办公自动化系统大致包括 6 种要素:人员、组织机构、办公制度、技术工具、办公信息和办公环境。现分述如下:

1. 人员

在计算机应用中,信息处理与数值运算之间的一个关键性区别是处理过程中人的作用。后者是趋向于少人/无人干预,而前者则不能离开人的参与。OA 系统是一个信息处理系统,那么它必然是一个人 – 机系统。在 OA 系统中,人是一个至关重要的因素。按照工作性质不同,系统中的人员可以分为三大类:

(1)信息使用人员。

信息使用人员主要是决策人员和管理人员。他们所承担的主要是重复性较小、具有创造性或决策性的工作。

(2)系统使用人员。

系统使用人员主要是办公室工作人员。其中,既有从事重复性事务处理活动的一般办公人员,如秘书、会计、统计员、通信员等,又有从事决策辅助工作的知识型人员,如行业专家、法律顾问等。他们的工作是辅助决策、管理人员减少事务性工作、简化工作程序、提高工作效率,因此,是利用系统完成业务工作的人员。

(3)系统服务人员。

系统服务人员主要是随着办公自动化系统而出现的人员,包括系统管理员、软硬件维护人员等。

2. 组织机构

现行办公组织或办公机构的设置很大程度上决定了 OA 系统的总体结构。目前我国的组织机构多采用管理职能、管理区域、管理行业和产品、服务对象以及工艺流程等划分方法,实际应用中常综合上述方法进行划分。OA 系统必须考虑这一现状,以使其既有对现有机构的适应性,又能在机构调整时显示出一定的灵活性。另一方面我们也应该看到,在信息社会和先进的科学技术的冲击下,办公组织机构也会与传统状况发生背离。

随着 OA 系统应用的不断普及与深化,也应该运用系统科学的方法,重新分析、设计、组织办公机构,以适应社会的变革和技术的发展。当前国外普遍存在的一种办公组织 – "行政支持"就是在文字处理机进入办公室之初,为了合理投资而对办公组织进行改革的结果。我国某些大的行政机构在推行 OA 系统时设置了新部门 – 办公信息处理中心,现已被很多机构所效仿,不失为一种行之有效的组织方式。

3. 办公制度

办公制度是有关办公业务办理、办公过程和办公人员管理的规章制度、管理规则,也是设计 OA 系统的依据之一。办公制度的科学化、系统化和规范化,将使办公活动易于纳入自动化的轨道。应该注意的是,由于 OA 系统往往要模拟具体的办公过程,办公制度的某些变化必然会导致系统的变化。同时,在新系统运行之后,也会出现一些新要求、新规定和新的处理方法,这就要求自动化系统与现行办公制度之间有一个过渡和切换。

4. 技术工具

技术工具包括支持办公活动的各种设备和技术手段,是决定办公质量的物质基础。OA 系统中的设备主要分三大类:计算机、通信设备和其他办公设备,如传真机、复印机、多功能电话、缩微系统、印字机、碎纸机等。技术手段主要包括计算机技术、网络通信技术、信息处理技术、人 – 机工程等,其中信息处理技术中含有数据处理、文字处理、语音处理、图形图像处理等。

5. 办公信息

办公信息是各类办公活动的处理对象和工作成果。办公信息覆盖面很广,按照其用途,可以分为经济信息、社会信息、历史信息等;按照其发生源,又可分为内部信息和外部信息;按照其形态,通常有数据、文字、语音、图形、图像等。各类信息对不同的办公活动提供不同的支持,包括:为事务工作提供基础、为研究工作提供素材、为管理工作提供服务、为决策工作提供依据。

6. 办公环境

办公环境包括内部环境和外部环境两部分。内部环境指部门内部的物质环境(如办公室格局、建筑、设施、地理位置等)和抽象环境(如人际关系、人与自动化系统的关系、部门间协调等)的总和。外部环境指和本部门存在办公联系的社会组织或和本系统相关的其他系统。作为办公环境的社会组织与本部门之间,有的是上下级关系,有的是业务关系,也有的是服务与被服务关系。外部环境作为组织机构边界之外的实体原不包括在系统之内,但它为 OA 系统的功能和运行给出了约束条件,因此我们把环境也视为系统不可缺少的一个组成要素。

二、OA 系统的基本特征

OA 系统至少应具备下列四个方面的特征:

1. 交互式

一般的数据处理是单向的控制流,有事先确定的输入输出,无须人的干预;OA 系统则往往需要根据不同的输入调动不同的控制,因为是人 - 机对话,人的干预是必不可少的。

2. 多任务并行

办公活动的处理往往不能由办公人员预先控制,许多工作要求随时出现随时处理,这是保证办公效率所必需的。

3. 自主性

自主性是指系统既要随时间、任务的推移按一定"周期"自动激活,又要能随着服务请求随时激活,做出必要的反应。

4. 集成化

集成化是现代 OA 系统最重要的特征。它需要综合利用多种学科(尤其是计算机、通信和现代科学管理)的理论、技术和工具,把一系列独立分散的设备和专门的系统连接起来,构成一个能协调运转和相互通信的集成系统。

三、OA 系统的主要功能

由于社会中存在着各式各样的办公室、需要各式各样的处理功能,所以很难存在一个能够满足社会全部办公需求的办公自动化系统。但是,设计一个能够支持办公系统基本功能的自动化系统还是可能的。人们可以以这些基本的、共同的系统功能为基础实现办公活动的统——自动化,同时还可以进一步进行系统开发,满足本部门的特殊需求。

各类办公活动共同的自动化功能主要有:

1. 资料制作

资料可以分为两类:以文字文本为主的资料和以数据为主的资料,后者常常要利用数据制作图表。两类资料也可能共同出现在一份材料之中。由于任何一个办公室都会涉及资料制作工作,因此这是 OA 系统必须具备的基本功能。

2. 电子文档管理

保管资料是各类办公室的共同任务。电子文档管理就是用计算机对各种材料、文件、档案乃至书籍、刊物进行登记、保管和检索。与手工管理类似,它同样可以处理单份资料、文件夹、抽屉、文件柜等不同组合,也可以加锁。

3. 电子秘书

领导办公离不开秘书的帮助,秘书是各类办公室里的重要角色。电子秘书可以辅助秘书完成各类繁杂的日常操作,甚至可以在某种程度上取代秘书,它具有来访接待、日程管理、电话号码本、名片管理、会议管理、会议预约等多种预约办理功能。

4. 电子邮政

信息的传递与联系在办公活动中占有很大比例。电子邮政系统可以综合电话邮政及数据处理的多重优势,快速完成办公所需要的信息交互。

5. 决策支持

领导者、管理人员和经营者要利用各类信息实现决策。决策支持功能就是利用系统所累积的全部信息(必要时要求追加信息)以便于观察、易于分析的形式显示出来,帮助决策者进行分析、判断,为决策提供备选方案。实际上,决策支持系统也需要前述各项功能的共同支持。

习　题

(1)如何选择计算机及其相关设备?

(2)简述计算机网络的分类以及如何选择计算机网络。

(3)简述选择传统办公设备的原则。

(4)简单说明办公自动化系统所应具备的最基本功能。

(5)办公自动化系统的模式有哪些?

第二章

Chapter 2

进入 Windows XP

第一节　Windows XP 概述

一、登陆 Windows XP

开机后等待计算机自行启动到登录界面,如果计算机系统本身没有设置密码,系统将自动以该用户身份进入 Windows XP 系统;如果系统设置了一个以上的用户并且有密码,则需要用鼠标单击相应的用户图标,然后在键盘上输入相应的登录密码并按回车键就可以进入 Windows XP 系统。

二、Windows XP 桌面

Windows XP 的桌面由桌面图标、任务栏和语言栏三部分组成。

1. 桌面图标

桌面图标就像图书馆的书签一样,每一个图标都代表着一个常用的程序、文件或文件夹。如"我的电脑"、"我的文档"、"网上邻居"、"回收站"、文件、文件夹和一些应用程序的快捷启动图标。如果是安装系统后第一次登陆系统的情况,桌面的右下角只有一个回收站的图标。

在桌面空白处右单击鼠标就会出现如图 1.2.1 所示菜单,移动鼠标到菜单上,相应的命令颜色就会发生变化。命令后面有黑色小三角则代表该命令后面还有子命令。灰色命令代表当前不可用。

①排列图标。当鼠标移动到该命令上时,它的子命令就会自动展开,单击不同的命令选项就会使桌面上的图标按不同的方式进行排列。

②刷新。刷新的本质含义是将电容器充电的一个过程,在这里我们可以将这个过程理解为让系统处于一个"清醒"的状态。

③撤销删除。指取消刚刚执行的删除操作。

④图形属性。主要用来设置系统的图形模式,与主板相关,用户一般不用操作。

图 1.2.1　桌面操作图标

⑤图形选项。主要用来改变显示器的分辨率,不同分辨率下桌面图标显示大小不同。

⑥新建。用来新建文件夹,文件,及文件、文件夹快捷方式。这里的文件指安装到计算机上的应用程序。

⑦主题。单击"主题(T)"的下拉箭头,可以选择不同的 Windows XP 主题,最后单击"确定"按钮。不同主题系统的显示界面和背景有所不同,用户可以根据个人爱好选择。

⑧桌面。主要用来设置桌面背景,选择"背景(K)"下边的图片,就可以在窗口中预览到图片内容;用户还可以单击"浏览"选择自己存储在计算机上的照片将其设为桌面背景;单击"位置"下拉箭头可以设置桌面背景的显示方式。

⑨屏幕保护程序。"屏幕保护程序"是指在一定时间内,用户不对计算机进行任何操作时系统自动打开预设的画面的程序。用户可以自行定义画面,单击"屏幕保护程序"下边的下拉箭头可以选择相应的画面;单击"设置"改变画面运行的速度;单击"等待"后面的上下箭头可以改变等待时间;单击"电源"按钮(这里边的设置可以降低电量消耗——用户暂时不使用计算机但又不想关机时使用,用户需要使用时只需按键盘上任意键即可恢复初始状态),在出现的对话框通过下拉箭头选择时间改变"关闭监视器""关闭硬盘"和"待机系统",最后单击"确定"即可。

⑩设置。可以改变桌面的显示分辨率,在"屏幕分辨率"中单击滑块左右移动就可以改变屏幕分辨率并可以在对话框中预览到相应的效果。单击"颜色质量"下面的下拉箭头可以改变颜色质量,保存上述改变结果要单击"应用"或"确定"按钮。

⑪壁纸自动换。在用户开机后一段时间不对计算机操作时自动运行该程序,每隔一定时间改变显示图片。单击"开启桌面壁纸自动换"将其选中,单击"浏览"按钮选中提前设置好的图片文件夹,单击"随机显示图片"程序运行时就会随机显示图片,否则就是顺序显示;单击"拉伸图片到全屏",在显示图片的时候就会全屏显示,否则就按图片实际大小显示。在"频率"里可以设置"更换"图片的时间。

2.任务栏和语言栏

桌面任务栏如图 1.2.2 所示。

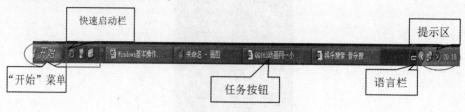

图 1.2.2　桌面任务栏

①开始。位于桌面左下角,单击该按钮就会弹出"开始"菜单,所有应用程序、系统程序、关机和注销均可以从这里操作。

②快速启动栏。一般用于放置应用程序的快捷图标,单击某个图标即可启动相应的程序,用户可以自行添加或删除快捷图标。

③任务按钮。在 Windows XP 中可以打开多个窗口,每打开一个窗口,在任务栏中就会出现相应的按钮。单击某个按钮代表将其窗口显示在其他窗口的最前面,再次单击该按钮可将窗口最小化。单击任意几个任务按钮,可以相互切换窗口。

④提示区。显示系统当前的时间、声音图标,还包括某些正在后台运行程序的快捷图标,比如防火墙、QQ 和杀毒软件等,双击就可以将其打开。系统将自动隐藏近期没有使用的程序图标,单击箭头按钮可将其展开。

⑤语言栏。语言栏是一个浮动的工具条,单击语言栏上的"键盘"小图标可以选择相应的输入法。也可以按快捷键切换输入法,如按住 Ctrl 键再多次按 Shift 键就可以在输入法之间进行切换。

第二节　Windows XP 的窗口操作、存储体系简介

一、Windows 系统窗口简介

在 Windows 系统里打开任何一个窗口(除程序、文件),它界面的命令按钮均一样。下面以"我的电脑"为例来介绍其功能。

(1)标题栏。显示当前打开盘符或文件夹的名称。在其最右边有三个按钮分别称为"最小化""最大化""关闭"按钮。单击"最小化"可以将"我的电脑"窗口最小化为任务栏上一个任务按钮;单击"最大化"可以将"我的电脑"窗口在非全屏状态改变为全屏状态,将整个屏幕铺满;单击"关闭"按钮则将当前窗口关闭。

(2)菜单栏。"菜单栏"由"文件""编辑""查看""收藏""工具"和"帮助"组成。

(3)工具栏。工具栏中的命令按钮实际上是常用菜单命令的快捷按钮,用户可以直接单击相应的按钮进行操作,如果按钮成灰色代表在当前状态下是不可用的。

二、Windows 的存储体系

我们在第一章中简略地介绍了 Windows XP 的存储分类,这里我们将着重介绍外部存储器,也就是我们常见的硬盘、U 盘、移动硬盘。这一节着重需要学员理解树型存储结构,为后面的学习奠定基础。

(1)3.5 英寸(A)。软盘驱动器,现在已经很少有人使用了。因为这种存储设备质量差、容量小,现已被移动硬盘和 U 盘所代替。需要注意的是,用户如果使用这种存储设备,当软盘驱动器读写的时候切勿将其取出,否则会损坏磁盘!(U 盘也是一样的。)

(2)C 盘。硬盘驱动器的一部分,一般情况下我们把操作系统装在 C 盘,所以又称其为"系统盘"。我们存储在"桌面""我的文档"里的文件或文件夹实质上是存放在 C 盘里的,所以在这里建议大家最好不要将重要的文件/文件夹(文本文件、声音文件、图片文件)存放在"桌面""我的文档"和 C 盘里,因为如果一旦系统崩溃且无法进入 Windows 的话,通常需要重装系统,重装系统后(如果系统装在 C 盘)以前存储在"桌面""我的文档"以及 C 盘里的数据就会全部消失。用户可以在其他盘里(如 D 盘)建立一个文件夹(File)来存放重要的文件。

(3)D 盘。硬盘驱动器的一部分,可以用来存放用户的文件,比如我们在 D 盘里建立如下几个文件夹:工作、学习和娱乐。工作文件夹里又可以建立"工作计划""工作总结"和"会议精神"等;学习文件夹里又可以建立"岗位培训""英语学习"和"计算机学习"等;娱乐文件夹里可以建立"音乐""游戏"和"图片"等。

(4)CD/DVD 驱动器。如果用户安装的是 CD,那么在"我的电脑"里就会出现"CD 驱动器";如果安装的是 DVD,那么就是"DVD 驱动器"。它的主要作用就是播放光盘上的内容,或者通过它安装光盘上的软件。打开光驱,将光盘平整地放入光驱里(有文字的一面朝上)并关闭光驱(和打开时方法一样),过一会在"我的电脑"里就会发现光驱的图标发生变化,右键单击其图标选择打开就可以浏览里边的内容。有的光盘带有自动播放文件,所以当把光盘放入光驱时,就会自动播放里面的内容。

第三节　Windows XP 的常用操作

一、Windows 系统的常用操作

(1)新建文件夹。

在桌面,驱动器(C、D 盘,文件夹)空白处右键单击:

①选择"新建→文件夹"就可以创建文件夹并在此时可以对文件夹进行重命名。

②选择"新建→快捷方式"就可以为磁盘上任意一个文件或文件夹创建快捷方式。

③选择"新建→Microsoft Word 文档"就可以创建一个 Word 文档(其他应用程序同理)。

④选择"新建→公文包"就可以创建一个公文包(作用和文件夹一样)。

在驱动器(C 盘、D 盘)和文件夹里新建和上面方法相同。

(2)复制、粘贴、剪切、删除、重命名、属性。

上面几种操作是针对某一个文件夹/文件而言的(桌面上部分图标有些不同),在这里我们以文件夹(文件也适用)为例进行说明。

①选择"打开"就会将"网页三剑客"这个文件夹打开。

②选择"资源管理器"就会打开"资源管理器"。

③选择"剪切"后,该文件夹颜色就会变浅,然后选择要存放的位置,右单击选择"粘贴",就可以将该文件夹从原来的存储位置转移到您所选择的新位置。特别要注意的是原来位置上的那个文件夹将会不存在。

④选择"复制"后,然后选择要存放文件或文件夹的位置,右键单击选择"粘贴",那么这个文件或文件夹就会复制在您所选的位置,和剪切不同的是,原来位置上的文件或文件夹依然存在,只是将其"克隆"了一份而已。

⑤选择"删除"就可以将所选的文件夹或文件删除。这里的删除只是将该文件夹或文件转移到回收站里,删除到回收站里的所有文件、文件夹或快捷方式均可以还原到删除之前的状态,具体的方法就是右单击欲还原的对象,选择"还原"即可。如果选择"删除",该文件就从磁盘上彻底删除了,就无法还原了,所以选择这一步需谨慎! 用户还可以使用下列方法将选中的文件、文件夹一次性从磁盘上彻底删除,具体的方法就是单击要操作的对象后,先按住键盘上的"Shift",再按一下键盘上的"Delete"。但是要提醒操作者的是,该操作是无法还原的!

⑥选择"重命名"就可以对该文件或文件夹进行重新命名。

⑦选择"属性"就可以查看文件或文件夹的位置、大小、创建的时间以及文件的共享。右单击驱动器盘符(如 C 盘)选择属性可以查看 C 盘的存储状况。

⑧选择"格式化"就会将该盘上所有的数据全部清除,用户选择时要慎重! 切不可对C 盘进行"格式化"操作,否则就会毁坏系统!

⑨选择"发送到"命令,就会展开子命令,可以将"网页三剑客"发送到子命令的任一选项里面。如可将其发送到桌面,还可以将其发送到 U 盘(相当于复制)。

二、文件和文件夹的管理

管理文件和文件夹都是在"我的电脑"窗口中进行的。为了方便查看文件和文件夹的位置,可以通过 Windows 的"资源管理器"来进行操作。

用鼠标右单击"开始"菜单按钮或"我的电脑",在弹出的快捷菜单中选择"资源管理器"命令;也可以通过快捷键打开"资源管理器"窗口,同时按住 Windows 专用键(键盘上左下角"Ctrl"和"Alt"键之间的那个键)和字母键"E"。"资源管理器"的窗口和"我的电脑"窗口类似,只不过在窗口的左边多了一个目录区。此外,在任意文件夹窗口中单击工具栏中的"文件夹"按钮,同样也可以打开"资源管理器"。

目录区以树形结构清晰的显示整个电脑中的磁盘、文件和文件夹的存放结构。在目录区最上边的是"桌面",我们称之为根目录,根目录下可以设子目录,子目录下还可以设子目录,依次称为一级子目录、二级子目录、三级子目录等。

如果目录前面有"＋"标记,表示其下还有子目录。单击"＋"就可以展开该目录,此时"＋"变为"－"标记,表示这一层内容已经打开,单击"－"可以将该目录重新折叠起来。如果目录前面没有任何标记代表该目录下没有任何子目录。

在"资源管理器"中要查看某个目录包含的内容时,只需在左侧的目录区中单击要查看的磁盘、文件或文件夹,窗口右边内容区中就会显示该目录下所有的内容。

在"资源管理器"窗口里可以对文件或文件夹进行多种操作,如打开、选择、移动、复制、创建、重命名、删除等。

三、选择文件或文件夹

(1)要选择某个文件或文件夹,单击该文件或文件夹即可。

(2)选择多个相邻的文件或文件夹,可以将鼠标指针移动到要选定范围的一角,然后按住鼠标左键不放进行拖动,这时将出现一个浅蓝色的半透明矩形框,当矩形框框住需要选中的所有文件或文件夹后释放鼠标左键,这样就可以把多个相邻的文件或文件夹同时选中。这时就可以对它们进行集体性操作。

(3)要选择多个连续的文件或文件夹,还可以单击第一个文件或文件夹图标,然后按住"Shift"键不放,再单击最后一个文件或文件夹图标即可全部选中。

(4)若要选择多个不连续的文件或文件夹图标,可以在单击第一个文件或文件夹图标后,按住"Ctrl"键不放,再依次单击其他需要选择的文件或文件夹即可。

(5)要选中当前目录下所有的文件或文件夹,直接按"Ctrl ＋ A"即可。

第四节　控制面板、任务管理器和系统工具的使用

一、控制面板的使用

控制面板是 Windows 系统的一个重要组成部分,通过控制面板可以对系统进行相关的设置。在这里主要介绍普通用户经常涉及的部分。

打开控制面板:单击"开始"菜单→"控制面板"打开如图 1.2.3 所示的窗口,可能有的计算机打开"控制面板"的窗口和我们这里打开的窗口有所不同,只需单击窗口左边的"切换到经典视图"就可以了。

二、用任务管理器来结束无响应的程序

有时候打开一个程序或执行某项命令的时候,程序无法响应对应的操作,用退出程序的方法来结束其运行也不能关闭该程序,这时候就需要使用 Windows XP 中的任务管

理器来结束无响应的程序,其具体的操作如下:

图1.2.3　控制面板

（1）在桌面任务栏空白处右键单击鼠标,在弹出的快捷菜单中选择"任务管理器"就可以打开其窗口;或者直接按"Ctrl + Alt + Delete"也可以打开任务管理器的窗口。

（2）单击"任务管理器"窗口中的"应用程序"按钮,就可以看到用户打开的所有应用程序。用鼠标单击选中无法响应的程序,再单击窗口下边"结束任务"按钮,就可以结束无法响应的程序。

（3）如果仍无法结束不响应的程序,可以单击"进程"选项卡,然后选择应用程序所对应进程,单击"结束进程"按钮即可。

如果按照上面的几种方法也不能打开"任务管理器",单击"开始"菜单和其他程序也没有任何响应的话,那么系统很可能已经"死机"了,这时候只能重新启动计算机。按一下主机面板上的"复位键(RSET)"就可以重新启动计算机。"复位"操作是计算机系统中级别最高的命令。

三、Windows XP 系统工具的使用

Windows XP 自带了一部分系统工具,主要包括:安全中心、备份、磁盘清理、磁盘碎片整理程序等。掌握它们的用法对于维护系统是很有必要的。

Windows XP 的系统工具在"开始"→"所有程序"→"附件"→"系统工具"中,单击"系统工具"将下拉菜单展开,就可以看到系统自带的系统工具了。

（1）安全中心。主要用来监测系统的安全,包括"防火墙""自动更新"和"病毒防护"三部分。它们的功能都可以通过单击窗口下边的对应图标来进行设置。

18

①防火墙。主要用来保护计算机在上网浏览信息时的安全,它可以阻挡来路不明的信息和程序,保证计算机在网络上的安全。

②自动更新。XP 系统通过网络自我更新、自我完善系统以前设计时存在的 BUG(漏洞)。

③病毒防护。保护系统免受病毒的侵害。

(2)备份。用来对计算机中的文件、文件夹、系统设置和系统信息进行备份。当系统遇到破坏时就可以用备份来恢复初始的设置。用户可以根据向导的提示完成备份工作,同样使用该向导可以完成还原工作。

(3)磁盘清理。用来清理系统磁盘上的垃圾文件和无用的临时文件,使磁盘保持"干净"的状态。用户可以经常运行这个程序来清理磁盘。选择要清理的盘符,单击"确定",在弹出的对话框里选择要清理的文件,然后单击"确定"即可。

(4)磁盘碎片整理程序。由于用户存储在计算机中的文件并不是按照一定的顺序存放的,而是随机的、杂乱无章的,因此随着存储的文件越来越多,用户会感到计算机的"速度"慢了。如果我们定期运行磁盘碎片整理程序把零散文件进行整理的话就可以提高计算机的读写"速度"。如图 1.2.4 所示,单击要整理的盘符然后单击"碎片整理"即可。

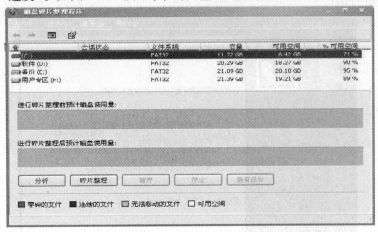

图 1.2.4　磁盘碎片整理程序

第五节　打印机的安装

Windows 系统的打印机安装可以分为本地打印机的安装和网络打印机的安装两种。本地打印机就是连接在自己计算机上的打印机;网络打印机就是指通过局域网共享其他计算机上安装的打印机。

一、安装本地打印机

(1)首先打开计算机和打印机,将打印机和计算机通过数据线连接起来并将打印机

19

的驱动光盘放入计算机的光驱里。

（2）单击"开始"菜单并选择"打印机和传真"，就会弹出如图 1.2.5 所示的对话框，单击"添加打印机"，就会出现如图 1.2.6 的对话框，单击"下一步"。

图 1.2.5　打印机任务图

（3）在图 1.2.6 所示的对话框中，单击"连接到此计算机上的本地打印机"和"自动检测并安装即插即用打印机"前面的小圆圈和小方框将其两项选中并单击"下一步"，计算机就会自动检测连接到计算机上的打印机并从光盘上安装驱动程序，安装完后系统会提示"新硬件安装完成并可以使用"对话框，单击"完成"就安装好了本地打印机。

注：用户也可以先将打印机的驱动程序安装到要连接的计算机上，然后关闭计算机，将打印机和计算机连接好并打开计算机和打印机，进入系统后计算机就会自动搜索到新硬件并安装好打印机。

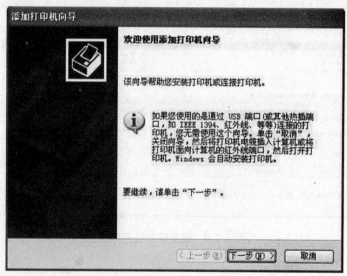

图 1.2.6　添加打印机示意图

二、安装网络打印机

首先介绍一下网络打印机的连接（图 1.2.7）：

"A"为我的计算机。

"B"为局域网上另外一台连接有打印机的计算机。

"C"为局域网的互联设备（集线器或交换机等）。

"D"为打印机。

我们的目的就是使计算机 A 通过局域网可以使用计算机 B 上连接的打印机。

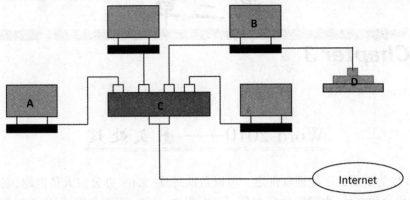

图 1.2.7　网络打印机连接示意图

（1）首先在计算机 B 上将打印机设置为共享打印机。具体的方法就是单击"开始"菜单→"打印机和传真"。右键单击打印机图标，选择"属性"，在弹出的对话框单击"共享"菜单，将"打印机设为共享打印机"，最后单击"确定"。

（2）在计算机 A 上添加网络打印机。单击"开始"选择"打印机和传真"。在弹出的窗口中单击"添加打印机"，然后单击"下一步"，由于我们要添加的是网络打印机，所以要将"网络打印机或连接到其他计算机上的打印机"选中并单击"下一步"，将"浏览打印机"前边的复选框选中并单击"下一步"。

（3）只要是网络和前面的操作没有问题就可以看到网络中的打印机，双击所要添加的打印机（知道要添加的打印机的网络名称）并单击"下一步"，系统就会自动为计算机添加上网络打印机，最后单击"完成"即可。

第三章

Chapter 3

Word 2010——图文处理

Word 作为重要的字处理软件之一可以帮助行政、文秘、办公室人员创建、编辑、排版、打印各类用途的文档,也可以进行书信、公文、报告、论文、商业合同、写作排版等工作。

第一节 认识 Word 2010

Word 2010 是市面上使用频率非常高的一款文字处理软件,通过 Word 2010 可以实现文本的编辑、排版、审阅和打印等操作。Word 2010 是 Word 产品多次升级后的新版本,较之前的版本增加了很多新的功能,如使用 OpenType 功能微调文本、新增 SmartArt 图形图片布局、自动消除图片背景以及方便地插入截图等。

使用 Word 2010 进行文字处理的步骤,如图 1.3.1 所示。

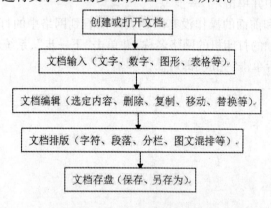

图 1.3.1 Word 2010 操作步骤

一、文档的输入及保存

1. 启动 Word 2010,创建新文档

启动并创建 Word 文档,是使用 Word 编辑文档的前提条件。在 Windows XP 操作系统的任务栏中选择【开始】→【所有程序】→【Microsoft Office】→【Microsoft Word 2010】命

令,启动 Word 2010。启动后,Word 2010 自动建立一个空白文档,如图 1.3.2 所示。工作窗口标题栏中显示的"文档 1"是新建空白文档的临时文件名。

打开 Word 2010 文档后,如果要对文字进行处理,首先要了解文档的窗口中有什么功能。下面对文档的窗口进行简要的介绍。

Word 2010 启动就可以打开 Word 文档窗口,Word 文档窗口由标题栏、功能区、文档编辑区和状态栏、【导航】窗格、快速访问工具栏、【文件】选项卡等部分组成。

(1)标题栏。显示当前应用程序名和当前所处理文档的文件名。

(2)选项卡与功能组。Office 2010 中取消了传统的菜单操作方式,代之以各种功能区的划分。Word 2010 窗口上方看起来像菜单的名称其实是各功能区的名称,称为选项卡。单击选项卡不会打开菜单,而是切换到与之相对应的功能区面板,每个功能区根据功能的不同又分为若干个组。此外,某些选项卡只在需要时才会显示,例如,仅当选择图片后,才显示"图片工具"选项卡。Word 2010 将菜单选项与工具栏按钮整合在一起,每一个按钮对应一个常用的命令,通过对按钮的操作可以快速执行菜单命令。

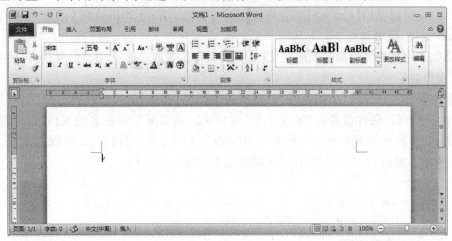

图 1.3.2　Word 2010 工作窗口

(3)状态栏。位于 Word 2010 窗口的底部,显示当前文档的编辑信息,如当前页数、当前选中的字数等。

(4)文档窗口。Word 2010 可以同时编辑多个文档,每一个文档将打开一个文档窗口,文档的编辑和格式设置都在文档窗口中进行。典型的文档窗口包括滚动条(垂直和水平)、标尺(垂直和水平)和文档编辑区。

2. 文档的输入、保存及关闭

(1)文档的输入。

在对文档进行编辑时,最主要的操作是输入汉字和英文字符。Word 2010 的输入功能简便易用,只要会使用键盘打字,就可以十分方便地在文档中输入文本。

在输入文字的过程中,如果输入错误,可以按【Back Space】键删除错误的字符;当文字到达最右端时,会自动跳转到下一行。如果在未输入完一行时就需要换行输入,可按【Enter】键来结束一个段落,同时会产生一个段落标记。输入如图1.3.3所示内容。

> 消费者行为是指人们为满足自己的欲望,而利用物品效用的一种经济行为。
> 消费者行为理论研究消费者在市场上如何做出购买或进行购买活动。在这里,消费或者是指能够做出统一的消费决策的家庭或居民户,而无论家庭中的人数多少。

图1.3.3　样张——消费者行为

(2)保存与另存为。

①用户在编辑文档的过程中,应养成随时保存文档的良好习惯,避免由于错误操作或计算机故障造成数据的丢失。

单击视图栏中的【阅读版式视图】按钮,在【阅读版式视图】状态下查看"消费者行为"文档。单击快速访问工具栏中的【保存】按钮,保存文档。

用户也可以使用【Ctrl＋S】组合键快速保存文档。Word 2010中默认的文档保存类型为Word文档,后缀名称是".docx"。

②如果用户需要重命名当前的文档、更换保存位置或更改文档类型时,可以使用"另存为"命令。

基本操作为:选择【文件】选项卡,然后再选择【另存为】选项。在弹出的【另存为】对话框中,选择文件保存位置为"年度工作"文件夹。当需要重新命名此文档时,可将文档重新命名为"西方经济学——消费者行为.docx",单击【保存】按钮,即可保存文档,如图1.3.4所示。此时,在文档的保存位置即可看到被保存的文档。

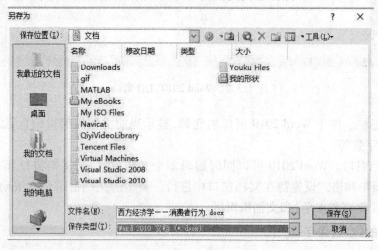

图1.3.4　【另存为】对话框

(3)关闭文档。

在【文件】选项选择【退出】选项或单击标题栏右侧【关闭】按钮。

如果当前文档编辑后没有保存,关闭前会弹出提问框,询问是否保存对文档的修改,如图 1.3.5 所示。单击【保存】按钮保存;单击【不保存】按钮放弃保存;单击【取消】按钮不关闭当前文档,继续编辑。

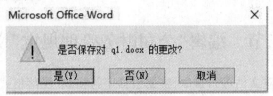

图 1.3.5 系统提问框

二、文档视图的使用及打印预览

Word 2010 中提供了多种视图模式供用户选择,这些视图模式包括【页面视图】【阅读版式视图】【Web 版式视图】【大纲视图】和【草稿视图】等多种视图模式。用户可以在"视图"功能区中选择需要的文档视图模式,也可以在 Word 2010 文档窗口的右下方单击视图按钮选择视图模式。

1. 页面视图

【页面视图】可以显示 Word 2010 文档的打印结果外观,主要包括页眉、页脚、图形对象、分栏设置、页面边距等元素,是最接近打印结果的页面视图。

2. 阅读版式视图

【阅读版式视图】以图书的分栏样式显示 Word 2010 文档,【文件】按钮、功能区等窗口元素被隐藏起来。在【阅读版式视图】中,用户还可以单击【工具】按钮选择各种阅读工具。

3. Web 版式视图

【Web 版式视图】以网页的形式显示 Word 2010 文档,【Web 版式视图】适用于发送电子邮件和创建网页等操作使用。该视图中不显示标尺,也不分页,所以不能在文档中插入页码。

4. 大纲视图

【大纲视图】主要用于 Word 2010 文档的设置和显示标题的层级结构,在这一模式中用户可以方便地折叠和展开各种层级的文档。【大纲视图】被广泛用于 Word 2010 长文档的快速浏览和设置中。

5. 草稿视图

【草稿视图】取消了页面边距、分栏、页眉、页脚和图片等元素,仅显示标题和正文,是最节省计算机系统硬件资源的视图方式。当然,现在计算机系统的硬件配置都比较高,基本上不存在由于硬件配置偏低而使 Word 2010 运行遇到障碍的问题。

6.打印预览

在屏幕上显示文档打印时的真实效果。在【文件】选项卡中选择【打印】选项,可以预览文档的打印效果。

第二节 编辑"公司财务管理规定"文档

文档的格式化即对文档进行排版,主要包括字符格式、段落格式和页面格式的设置。文档的格式可以在输入前设置,也可以在输入后设置。若在输入后设置格式,则应该先选定,后设置。多数有关格式设置的命令都位于【格式】菜单中,也可以在快捷菜单中选择。

一、设置字体格式

在 Word 文档中,最基本的字体格式设置包括字体、字号、字形、颜色设置及处理字符的升降、间距等内容。

单击【开始】选项卡【字体】组右下角的【字体】按钮,弹出【字体】对话框,单击选择【字体】选项卡,在【字体】选项卡中可以设置字体、字形、字号、字体颜色、下画线线型、下画线颜色及效果等字符格式,单击【确定】按钮。

通过以上步骤即可完成在 Word 2010 文档中设置字体的操作,如图 1.3.6 所示。

图 1.3.6 【字体】对话框

26

二、设置段落格式

段落指的是两个段落标记之间的文本内容,是独立的信息单位,具有自身的格式特征。段落格式指的是以段落为单位的格式设置。设置段落格式主要是指设置段落的对齐方式、段落缩进、行间距和段落间距等。设定了一个段落的格式后,其后的新段落格式将和这一段落的格式保持一致。除非重新设置段落格式,否则这种格式设置会一直保持到文档结束。

1. 设置段落对齐方式

Word 2010 的格式命令适用于整个段落,将光标置于段落的任意位置都可以选定段落。Word 2010 提供的段落对齐方式主要有左对齐、居中、右对齐、两端对齐和分散对齐五种。

段落的左对齐方式是指所选的内容每一行全部向页面左边对齐;右对齐方式是指所选的内容每一行全部向页面右边对齐;居中对齐方式是指所选的内容每一行全部向页面正中间对齐;两端对齐方式是指所选的内容每一行全部向页面两边对齐,字与字之间的距离根据每一行字符的多少自动分配。分散对齐方式和两端对齐方式相似,其区别在于使用两端对齐方式时未输满的行是左对齐,而使用分散对齐方式时则使这一段的所有行都首尾对齐,字与字的间距相等。

在当前 Word 2010 程序窗口中,选中准备设置段落的字符,选择【开始】菜单项,在【段落】组中,单击段落【启动器】按钮。在弹出的【段落】对话框中,单击选择【缩进与间距】选项卡,单击展开【对齐方式】列表框,选择居中,单击【确定】按钮。

通过以上步骤即可完成在 Word 2010 文档中设置段落对齐方式的操作。

2. 设置段落缩进

段落缩进是指段落的首行缩进、悬挂缩进和左右边界缩进等形式。所谓首行缩进是指段落的第一行相对于段落的左边界缩进,如最常见的文本段落格式就是首行缩进两个汉字的宽度;悬挂缩进是指段落的第一行顶格(即悬挂),其余各行则相对缩进;左右边界缩进是指段落的左右边界相对于左右页边距进行缩进。

段落缩进的设置方法有多种,可以使用精确的菜单方式、快捷的标尺方式,也可以使用【Tab】键和【开始】选项卡下的工具栏等。

3. 设置段落间距

在当前 Word 2010 程序窗口中,选中准备设置段落间距的文本,选择【开始】菜单项,在【段落】组中,单击段落【启动器】按钮。在弹出的【段落】对话框中,单击【缩进与间距】选项卡,在【间距】区域中设置【段前】【段后】微调框,单击【确定】按钮。

通过以上步骤即可完成在 Word 2010 文档中设置段落间距的操作。

4. 设置行距

在当前 Word 2010 程序窗口中,选中准备设置段落间距的文本,选择【开始】菜单项,在【段落】组中,单击段落【启动器】按钮。在弹出的【段落】对话框中,单击【缩进与间距】选项卡,单击展开【行距】下拉列表框,选择准备应用的行距样式,在【设置值】微调框中选择需要的数值,单击【确定】按钮,如图1.3.7所示。

通过以上步骤即可完成在 Word 2010 文档中设置行距的操作。

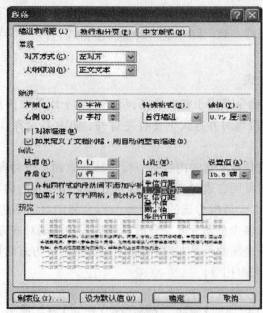

图1.3.7 【段落】对话框

三、格式刷的使用

为方便修饰相同文字格式及段落格式,可用【格式刷】快速复制格式,简化重复操作。

要将选定格式"复制"给不同位置的文本,可以在【剪贴板】功能组双击【格式刷】按钮,复制格式后的光标带着刷子,用它连续将格式"复制"到其他文本上,直至按【Esc】键或【格式刷】按钮取消。

【例1.3.1】 按下面样文,输入"公司财务管理规定"的部分内容,并按要求设置段落格式。设置完毕将文件命名为"公司财务管理规定.docx"并进行保存。

(1)将字体设置为楷体,字号为四号,加粗。

(2)将第二、三段行距设置为1.5倍,首行缩进2个字符。

(3)将第二段段前间距设置为15磅,段后间距设置为15磅。

(4)按上述要求设置段落格式后,"公司财务管理规定"样张如图1.3.8所示。

28

公司财务管理规定

　　财务管理是公司经营管理的一个重要方面，公司财务管理中心对财务管理工作负有组织、实施、检查的责任，财会人员要认真执行《会计法》，坚决按财务制度办事，并严守公司秘密。

　　会计人员根据不同的账务内容采用定期对会计帐簿记录的有关数位与库存实物、货币资金、有价证券、往来单位或个人等进行相互核对，保证账证相符、账实相符、账表相符。

　　会计人员因工作变动或离职，必须将本人所经管的会计工作全部移交给接替人员。会计人员办理交接手续，必须有监交人负责监交，交接人员及监交人员应分别在交接清单上签字後，移交人员方可调离或离职。

图 1.3.8　"设置段落格式"样本

第三节　美化"公司财务管理规定"文档

一、分栏及首字下沉的设置

1.分栏

　　选定要设置为分栏格式的文本。如果为已创建的节设置分栏格式，将插入点定位在节中;在【插入】选项卡【页面布局】组单击【分栏】按钮,在子菜单选择【更多分栏】选项,弹出【分栏】对话框,如图 1.3.9 所示,在对话框中选择所需的选项。

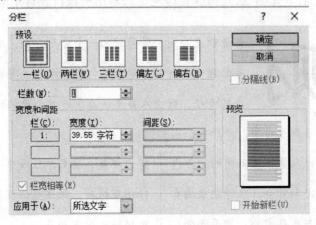

图 1.3.9　【分栏】对话框

【例1.3.2】 打开文档"公司财务管理规定",对第二段设置分栏:分两栏、栏宽相等、加分隔线,如图1.3.10所示。

(1)打开文档"公司财务管理规定"。

(2)对文档第二段设置分栏:选定第二段,在【插入】选项卡【页面布局】组单击【分栏】按钮,在子菜单选择【更多分栏】选项,弹出【分栏】对话框。选择【预设】区域中【两栏】,选择【栏宽相等】和【分隔线】复选框,单击【确定】按钮。

财务管理是公司经营管理的一个重要方面,公司财务管理中心对财务管理工作负有组织、实施、检查的责任,财会人员要认真执行《会计法》,坚决按财务制度办事,并严守公司秘密。

会计人员根据不同的账务内容采用定期对会计账簿记录的有关数位与库存实物、货币资金、

有价证券、往来单位或个人等进行相互核对,保证账证相符、账实相符、账表相符。

图1.3.10 "分栏"样本

2. 首字下沉

首字下沉是指将段落首行的第一个字符增大,使其占据两行或多行位置。

打开文档"公司财务管理规定",选中准备进行首字下沉的文本,选择【插入】选项卡,在【文本】组中单击【首字下沉】下拉按钮,在弹出的下拉菜单中选择准备使用的样式,如【下沉】。

此时Word 2010文档中的文字已经发生改变,通过以上操作步骤即可完成首字下沉设置的操作。

【例1.3.3】 打开文档"公司财务管理规定",对第一段设置首字下沉,如图1.3.11所示。

 务管理是公司经营管理的一个重要方面,公司财务管理中心对财务管理工作负有组织、实施、检查的责任,财会人员要认真执行《会计法》,坚决按财务制度办事,并严守公司秘密。

会计人员根据不同的账务内容采用定期对会计账簿记录的有关数位与库存实物、货币资金、

有价证券、往来单位或个人等进行相互核对,保证账证相符、账实相符、账表相符。

图1.3.11 "首字下沉"样本

二、设置页面底纹和边框

在 Word 2010 程序窗口中,选中需要设置页面底纹的文本,选择【页面布局】选项卡,在【页面背景】组中单击【页面边框】按钮。在弹出的【边框和底纹】对话框中,选择【底纹】选项卡,单击展开【填充】下拉按钮,在弹出的下拉菜单中选择准备使用的底纹颜色,如"紫色"色块。在【预览】区域中,单击【应用于】下拉按钮,选择添加底纹的位置,如"段落",单击【确定】按钮。

此时,在文档中已经完成添加底纹的效果,通过以上操作步骤即可完成设置页面底纹的操作。

使用同样的方法也可为页面添加边框(其中"应用范围"有"整篇文档""本节"等)。

【例 1.3.4】　打开文档"公司财务管理规定"第五、六段,为第五段中的文字设置底纹,颜色为深蓝;为第六段文字添加边框,如图 1.3.12 所示。

第十二条　资本金是公司经营的核心资本,必须加强资本金管理。公司筹集的资本金必须聘请中国注册会计师验资,根据验资报告向投资者开具出资证明,并据此入帐。

第十三条　经公司董事会提议,股东会批准,可以按章程规定增加资本。财务部门应及时调整实收资本。

图 1.3.12　"边框与底纹和边框"样本

三、打印"公司财务管理规定"文档

打印文档之前要对文档进行页面格式的设置,使其更加美观。页面格式主要包括纸张大小、页边距、页面的修饰等。

1. 设置页眉和页脚

页眉和页脚的内容可以是文件名、页码、日期、单位名,也可以是图形。

(1)设置页眉和页脚:【视图】→【页眉和页脚】。

(2)编辑页眉和页脚:双击页眉/页脚。

2. 设置页码

【插入】→【页码】;

【视图】→【页眉和页脚】。

3. 页面设置

(1)页边距。设置文本与纸张的上、下、左、右边界距离;设置纸张的打印方向,默认为纵向。

（2）纸张。设置纸张的大小（如 A4），也可以选择【自定义大小】，并输入宽度和高度。

（3）版式。设置页眉和页脚与边界的距离及特殊格式；添加行号；添加页面边框；设置文档在垂直方向的对齐方式。

【例 1.3.5】 在文档"公司财务管理规定"中，设置纸张大小为 A4；左右页边距为 2.3 厘米，上下页边距为 2.6 厘米；插入页眉"公司规定"，左对齐；在页面底端居中处插入页码，格式为"－1－"，起始页码为 3。将操作结果以文件名"A2. docx"保存。

（1）打开"公司财务管理规定. docx"。

（2）设置页面格式。【页面布局】选项卡【页面设置】组中单击【纸张大小】按钮，在子菜单中选择【A4】；单击【页边距】按钮，在子菜单选择【自定义边距】选项；在【页面设置】对话框的上下微调框输入 2.3 厘米，左右微调框输入 2.6 厘米，单击【确定】按钮。

（3）插入页眉。【插入】选项卡【页眉和页脚】组中单击【页眉】按钮，在子菜单选择【编辑页眉】选项，进入页眉编辑，插入点位于页眉中部，输入"公司规定"。插入页脚的操作方法类似。

（4）插入页码。在【插入】选项卡【页眉和页脚】组单击【页脚】按钮，在子菜单选择【编辑页脚】选项，进入页脚编辑，插入点位于页脚编辑框。在页面底端居中处插入页码，格式为"－1－"，起始页码为 3。关闭【页眉和页脚】，单击【关闭】按钮，返回文档编辑区。

（5）将文档另存为"A2. docx"。

4. 打印文档

在 Word 2010 中设置 Word 文档打印选项的步骤如下：

（1）单击【文件】→【选项】按钮。

（2）在打开的【Word 选项】对话框中，切换到【显示】选项卡。在【打印选项】区域列出了可选择的打印选项，如【打印隐藏文字】【打印在 Word 中创建的图形】等，用户可根据实际需要进行选择。

（3）在【Word 选项】对话框中切换到【高级】选项卡，在【打印】区域可以进一步设置打印选项，如【后台打印】【逆序打印页面】等。

第四节　图文混排

图文混排就是将文字与图片混合排列，以达到更加美观实用的效果。其中文字可分布在图片的四周、嵌入图片下面、浮于图片上方等。

Word 2010 中设置图文混排的方法：

第 1 步，打开 Word 2010 文档窗口，选中需要设置文字环绕的图片。

第 2 步，在打开的【图片工具】功能区的【格式】选项卡中，单击【排列】分组中的【位置】按钮,在打开的预设位置列表中选择合适的文字环绕方式。其中文字环绕方式包括"顶端居左,四周型文字环绕""顶端居中,四周型文字环绕""中间居左,四周型文字环绕""中间居中,四周型文字环绕""中间居右,四周型文字环绕""底端居左,四周型文字环绕""底端居中,四周型文字环绕""底端居右,四周型文字环绕"九种。

如果用户希望在 Word 2010 文档中设置更丰富的文字环绕方式,可以在【排列】分组中单击【自动换行】按钮,在打开的菜单中选择合适的文字环绕方式即可。

【例1.3.6】　输入《蝴蝶效应》文字内容,并按要求完成各项设置。

(1)输入文字。

美国气象学家爱德华·洛伦兹最早提出"蝴蝶效应"。1960 年,洛伦兹研究"长期天气预报"问题时,在计算机上将一组简化模型用来模拟天气的演变。他原本希望利用计算机的精确运算来提高预测天气的准确性。但是,事与愿违,他发现自己模拟的新气象模型远远偏离了先前的打印数据。

开始,他以为自己的计算机出了故障,经过反复查找,他发现并不是计算机运行的故障,而是他输入计算机的初始化数字的问题。在原先的程序中,他用了小数点后面6位数字:0.506 127。在第二次运行时,他将数字进位到了 0.506。他觉得 1/10 000 这么一点微小区别不会产生什么真正的影响。但是他发现自己错了,1/10 000 的差别已经导致了巨大不同的结果!

后来,洛伦兹在华盛顿的美国科学促进会的一次演讲中提出:一只蝴蝶扇动两只翅膀,很可能会在美国的得克萨斯引起一场龙卷风。原因是蝴蝶扇动翅膀产生的连锁反应最终导致天气系统的极大变化。从此以后,"蝴蝶效应"之说就不胫而走,令洛伦兹声名远扬。

(2)操作要求。

①全文设置段落格式为首行缩进2个字符,段间距0.28 厘米。

②在正文前插入艺术字"蝴蝶效应"作为文章标题,艺术字样式为第 1 行第 4 列,字体为宋体,加粗,字号为32,居中设置。

③第一段第一行首字"美"设置为首字下沉两行,字体设置为黑体。

④在第二段文字中插入一幅蝴蝶图片,高度设置为2.5 厘米,宽度设置为3.5 厘米。环绕方式设置为紧密型,图片位置设置为水平绝对位置距页面7 厘米,垂直位置距页面6 厘米。

⑤第三段设置底纹为图案式样15%,边框设置为方框,宽度为1.6 磅。

⑥将文档按上述要求设置后,命名为"蝴蝶效应.docx"。最终效果如图1.3.13所示。

蝴蝶效应

美国气象学家爱德华·洛伦兹最早提出"蝴蝶效应"。1960年，洛伦兹研究"长期天气预报"问题时，在计算机上将一组简化模型用来模拟天气的演变。他原本希望利用计算机的精确运算来提高预测天气的准确性。但是，事与愿违，他发现自己模拟的新气象模型远远偏离了先前的打印数据。

开始，他以为自己的计算机出了故障，经过反复查找，他发现并不是计算机运行的故障，而是他输入原先的程序中，他用了小在第二次运行时，他将数1/10000这么一点微小区是他发现自己错了，大不同的结果！

计算机的初始化数字的问题。在数点后面6位数字：0.506 127。字进位到了0.506。他觉得别不会产生什么真正的影响。但1/10000的差别已经导致了巨

后来，洛伦兹在华盛顿的美国科学促进会的一次演讲中提出：一只蝴蝶扇动两只翅膀，很可能会在美国的得克萨斯引起一场龙卷风。原因是蝴蝶扇动翅膀产生的连锁反应最终导致天气系统的极大变化。从此以后，"蝴蝶效应"之说就不胫而走，令洛伦兹声名远扬。

图 1.3.13　蝴蝶效应.docx

习　题

（1）输入下面的文字。

春神跳舞的森林

台湾邹族少年阿地在奶奶去世后，带着奶奶留给他的樱花瓣，和爸爸一起重回故乡阿里山。奇怪的是，那年的阿里山特别冷，本该开放的樱花，也迟迟不见踪影。

阿地在光秃秃的樱树下思念奶奶，一阵风吹来，手中的樱花瓣飞起来，带领他走进森林的迷雾中。阿地跟着花瓣拨开重重白雾，走过巨大的神木，终于体验到祖先过往的欢笑和悲伤，成为一个真正的邹族少年，并在动物朋友的帮助下，拯救了重病的樱花精灵，找回了春神，让春天重新回到阿里山上。

（2）根据上面的文字内容，按要求完成各项设置。

①设置页面。设置页边距：上2.2厘米；下2.5厘米；左3厘米；右2.5厘米；装订线：1.3厘米。

②设置艺术字。设置标题为艺术字，艺术字样式为第2行第3列；字体为楷书；为艺术字插入图文框，图文框填充色为绿色；艺术字的环绕方式为四周型，环绕位置在右边。

③设置分栏格式。设置正文第二段为两栏，在栏间添加分隔线。

④设置边框。设置正文第一段底纹为图案式样15%，边框设置为方框，宽度2.0磅。

⑤在正文第二段中插入一幅春天的图片。图片高度3.5厘米、宽度4厘米。

⑥设置页眉。添加文字"春神跳舞的森林"。

第四章

Chapter 4

Excel 2010——数据管理

Excel 是日常办公中必不可少的数据处理工具。Excel 可以快速完成日常计算、排序、筛选、分类等工作;可以绘制日常工作状态的三维、曲线图标,帮助办公人员对工作状态与进度进行实时掌握;对各种总结评价进行科学分析。

熟练地运用 Excel 各种技巧,可以快速完成繁杂的工作,起到事半功倍的效果。

第一节　初步认识 Excel 2010

一、Excel 2010 的文档格式

Excel 2010 操作界面与 Word 2010 相似,分为如下几个部分:

【文件】【开始】【插入】【页面布局】【公式】【数据】【审阅】【视图】等选项卡。其中【文件】【开始】【插入】【审阅】【视图】等项目在使用中的功能和 Word、Powerpoint 相似,【页面布局】功能与 Word 相似,【公式】【数据】为 Excel 2010 特有菜单项目。在插入图片、形状、表格等项目后,会弹出相应菜单,如图 1.4.1 所示。

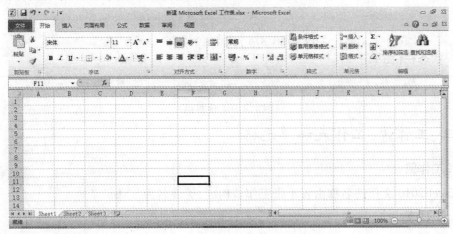

图 1.4.1　Excel 2010 的工作界面

1. 快速访问工具栏(图1.4.2)

图1.4.2　快速访问工具栏

2. 功能区栏(图1.4.3)

图1.4.3　功能区栏

3. 菜单栏(图1.4.4)

图1.4.4　菜单栏

4. 名称框(图1.4.5)

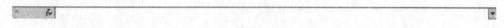

图1.4.5　名称框

5. 编辑栏(图1.4.6)

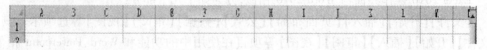

图1.4.6　编辑栏

6. 工作表区(图1.4.7)

图1.4.7　工作表区

7. 工作表列表区(图1.4.8)

图1.4.8　工作表列表区

8. 状态栏(图1.4.9)

图1.4.9　状态栏

二、工作簿、工作表和单元格

1. 工作簿

Excel 2010 文档的名称由若干张工作表构成,扩展名为".xlsx"。

2. 工作表

工作簿中的每一张表格都称为工作表。工作簿如同活页夹,工作表如同其中的一张张活页纸,工作簿与工作表是包含与被包含的关系。工作表是 Excel 2010 进行数据处理的基础,每一张工作表是由若干单元格组成的。Excel 2010 支持每个工作表中最多有 1 000 000 行和 16 000 列。具体来说,Excel 2010 网格为 1 048 576 行乘以 16 384 列,最后一列以 XFD 结束,而不是 IV。

3. 单元格

行与列的交叉点称为单元格。单元格是表格处理的基本操作单位,数据都被保存在单元格中。每个单元格都有固定地址,其地址由单元格所在列的列号和所在行的行号组成,如 A5、B18 等。活动单元格就是选定的单元格,可以向其中输入数据。通常一次只能有一个活动单元格,活动单元格四周的边框加粗显示。每个单元格中的内容可以是数字、字符、公式、日期,也可以是一个图形或一个声音等。如果是字符,还可以分段落。

4. 区域

工作表中的两个或多个单元格,区域中的单元格可以相邻或不相邻。

5. 填充柄

位于选定区域右下角的小黑方块为填充柄。当鼠标指向填充柄时,鼠标的指针更改为黑色十字光标。

第二节　工作簿和工作表的基本操作

一、工作簿的基本操作

1. 新建工作簿

启动 Excel 2010 程序,选择【文件】选项卡,在 Backstage 视图中选择【新建】选项,在【可用模板】区域中选择【空白工作簿】选项,单击【创建】按钮。通过以上步骤即可完成新建空白工作簿的操作。如图 1.4.10 所示。

2. 打开工作簿

Excel 2010 允许同时打开多个工作簿。依次打开多个工作簿后,可以在不同工作簿之间相互切换,同时对多个工作簿进行操作。单击工作簿中的某个区域,该工作簿就成为当前工作簿。

3. 保存工作簿

启动 Excel 2010 程序,选择【文件】选项卡,然后选择【保存】按钮。若当前工作簿是未命名的新工作簿文件,则自动转为【另存为】对话框,选择工作簿保存的位置,在【文件名】文本框中输入工作簿的名称,单击【保存】按钮。通过以上步骤即可完成保存工作簿的操作。

4. 关闭工作簿

单击工作簿窗口右上角的【关闭】按钮;选择【文件】选项卡下【关闭】命令;在工作簿

窗口控制菜单中选择【关闭】选项或使用"Alt + F4"组合键,均可以关闭工作簿窗口。若当前工作簿尚未存盘,系统会提示是否要存盘。

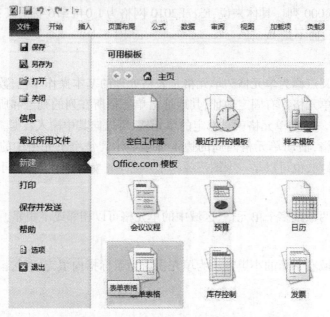

图1.4.10 创建新的空白工作簿

二、工作表的基本操作

我们通过制作学生成绩单的实例来学习常用的工作表操作。在一份完整的学生成绩表中应至少包括学生的学号、姓名、各科目名称及成绩等信息。下面通过学生成绩表的制作过程来说明工作表的基本操作。

工作表的操作包括工作表的选择、移动、复制、插入、删除、重命名等内容。

1. 新建工作表

创建一个工作簿文件,在该工作簿中为2014级会计学专业的四个班分别建立一个成绩表,并且按一班到四班的顺序排列,如图1.4.11所示。

新建一个工作簿时默认有3个工作表。由于4个班共需要4张工作表,因此,要求工作簿中包含4个工作表。一般是建立工作簿后,根据需要增加工作表的数量。

2. 插入新表、移动及重命名

新建工作簿中,默认的工作表名称是Sheet1、Sheet2、Sheet3,为了使用方便,需要将工作表分别用班级名称命名,因而需要为工作表重命名。

（1）新建一个工作簿,将其命名为"2014级会计学专业学生成绩表"。

（2）双击工作表Sheet1的标签,将其重命名为"一班"。

（3）重复步骤（2）,将工作表Sheet2、Sheet3的标签分别重命名为"二班"和"三班"。

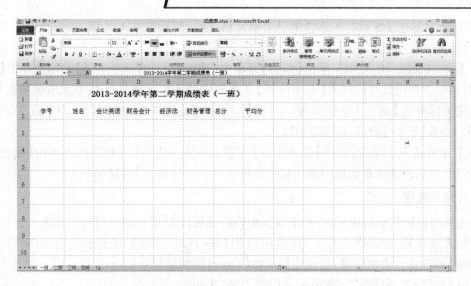

图 1.4.11　2014 级会计学专业学生成绩表

（4）选中工作表"三班"，选择【开始】选项卡【单元格】功能区【插入】下拉式菜单中【插入工作表】选项。在工作表标签区域可以看到新插入名为 Sheet4 的工作表，双击新插入的工作表，将其标签命名为"四班"。选择工作表"四班"，用鼠标将其拖到工作表"三班"的右侧。通过以上步骤即可完成插入工作表的操作。

3.选择多张工作表

按住 Ctrl 键，用鼠标依次单击本工作簿中的工作表。

4.复制工作表

用鼠标右键单击工作表标签，选【移动或复制工作表】项，在弹出的对话框中勾选【建立副本】复选框，点击【工作簿】右侧的下拉箭头，选择【新工作簿】，保存新工作簿。

三、在工作表中输入数据

1.选定单元格

单元格是 Excel 数据存放的最小独立单元。在输入和编辑数据前，需要先选定单元格，使其成为活动单元格。根据不同的需要，有时要选择独立的单元格，有时要选择一个单元格区域。

（1）选定一个单元格。用鼠标单击单元格，或在名称框中输入单元格地址，按 Enter 键。

（2）选定一个单元格区域。

①选定行列或整个工作表时，在工作表上单击该行（列）号即可选取一行（列）；选取后用鼠标拖曳可以选取多行（列）；单击全选按钮即可选取整个工作表。

②单击区域内的第一个单元格，然后拖曳鼠标到最后一个单元格，释放鼠标即可；选取矩形区域左上角单元格，按住 Shift 键单击该区域右下角的单元格。

③ 选取不连续区域。先选择第一个单元格区域,然后按住 Ctrl 键,再选择下一个区域即可。

④ 选取视图外的范围。单击【编辑】菜单中的【定位】选项或按【F5】键均会弹出【定位】对话框。在定位对话框的【引用位置】文本框中输入单元格地址或单元格区域范围,输入完毕后单击【确定】按钮即可。如在【引用位置】文本框中输入“X100”或“X100:Y300”,并按【Enter】键即可完成操作。

⑤ 条件选取。单击【编辑】菜单中的【定位】选项,在【定位】对话框中单击【定位条件】按钮,在定位条件对话框中确定定位条件,最后单击【确定】按钮即可。

2. 输入数据

选择要编辑数据的单元格,单击数据编辑栏或按【F2】键。编辑时可以按左右方向键移动插入点来输入要插入的字符,也可以用【Backspace】键删除光标左边的字符,用【Delete】键删除右边的字符,编辑完毕后按【Enter】键使编辑生效。

(1)在“学生成绩单”工作簿中,打开“二班”工作表。

(2)选中单元格区域 A1:H1,选择【开始】选项卡下【对齐方式】。

功能区,单击快速启动命名组按钮,弹出【设置单元格格式】对话框,在【对齐】选项卡中,选中【合并单元格】复选框,在【水平对齐】下拉式列表框中选择【居中】,单击【确定】按钮。在合并后的单元格中输入“二班期末考试成绩表”。

(3)依次选中 A2、B2、C2 至 H2 单元格,在单元格中输入“学号”“姓名”“会计英语”“财务会计”“经济法”“财务管理”“总分”“平均分”。以上基本操作完成后,会计学专业各班的成绩表制作效果如图 1.4.12 所示。

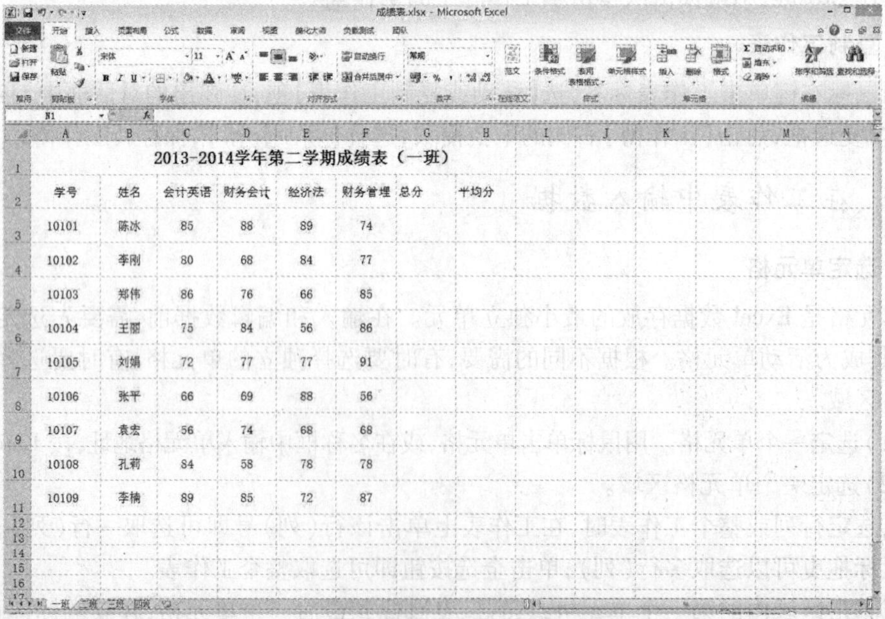
2013-2014学年第二学期成绩表(一班)

学号	姓名	会计英语	财务会计	经济法	财务管理	总分	平均分
10101	陈冰	85	88	89	74		
10102	李刚	80	68	84	77		
10103	郑伟	86	76	66	85		
10104	王丽	75	84	56	86		
10105	刘娟	72	77	77	91		
10106	张平	66	69	88	56		
10107	袁宏	56	74	68	68		
10108	孔莉	84	58	78	78		
10109	李楠	89	85	72	87		

图 1.4.12 会计学专业各班成绩表

第三节　工作表的数据编辑与格式设置

一、工作表中的单元格操作

1. 修改数据

（1）在单元格中进行修改。

单击选中准备进行修改数据的单元格。

在单元格中输入准备修改的内容,按下键盘上的【Enter】键,这样就完成了单元格修改数据的操作。

双击准备进行修改数据的单元格(双击的位置不同,输入的光标将出现在单元格中不同的位置,如双击单元格中的最右侧)并按下键盘上的【Enter】键,这样就完成了修改单元格中数据的操作。

（2）在编辑栏中修改数据。

选中准备修改数据的单元格,在编辑栏中输入准备修改的内容,按下键盘上的【Enter】键,单元格中数据就被修改完成了。

2. 删除数据

在 Excel 2010 工作表中,右键单击选择工作表中准备删除数据内容的单元格,在弹出的快捷菜单选择【删除】菜单项。单元格中的数据就被删除完成了。

3. 移动表格数据

（1）使用功能区中的命令按钮移动数据。

在 Excel 2010 工作表中,选择准备移动数据的单元格,在功能区中单击选择【开始】选项卡,在【剪贴板】组中单击【剪切】按钮。

在工作表中,选中准备移动表格数据的目标单元格,在【剪贴板】组中单击【粘贴】按钮。

原位置的表格数据已经被移动至目标单元格的位置,这样即可使用功能区中的命令按钮移动表格数据。

（2）使用右键快捷菜单移动数据。

在 Excel 2010 工作表中,选中准备修改数据的单元格区域,鼠标右键单击选中的区域,在弹出的快捷菜单中选中【剪切】菜单项。

在编辑区域中,选中准备剪切到的目标单元格,使用鼠标右键单击选中的单元格,在弹出的快捷菜单中选择【粘贴选项】按钮。

可以看到表格中的数据已经被移动到目标位置,这样即可使用右键快捷菜单移动表格数据。

4．撤销与恢复

（1）撤销与恢复上一步操作。

单击 Excel 2010 窗口快速访问工具栏中的【撤销】按钮与【恢复】按钮即可完成撤销与恢复上一步操作。

（2）撤销与恢复前几步操作。

单击 Excel 2010 快速访问工具栏的【撤销】与【恢复】下拉箭头，在弹出的下拉菜单中单击选择撤销与恢复的目标步数，即可完成撤销与恢复前几步操作。

二、工作表中的行与列操作

在工作表中输入数据后，如果发现少了一行或一列，或者在以后的工作表中发现需要增加一行或一列，可以先插入行、列或单元格，然后输入数据。

增加一行在数据区的最前面，用于输入标题行；增加一列位于数据区的中间，用于输入其他课程成绩。

（1）单击要插入位置下面一行（即第一行）的任意单元格执行【插入工作表行】命令，插入后原有单元格做相应移动。

（2）在新插入的行中插入数据。

（3）单击要插入列右侧的任意单元格执行【插入工作表列】命令，插入后原有单元格做相应移动。

（4）在新插入的列中输入数据。

三、编辑表格数据

新建的工作表中，数字和文字都采用了默认的五号宋体字。在一张工作表中，如果全部文字和数字都采用默认的五号宋体字，不仅使整个工作表看起来单调，而且数据也不突出，不利于阅读。Excel 2010 单元格中使用的字体、字号、文字颜色等既可以在数据输入前设置，也可以在数据输入完成后进行设置。

1．设置单元格文字格式

下面对学生成绩表中的文字进行修饰，效果如图 1.4.13 所示。

（1）选中标题所在单元格 A1，在【开始】选项卡【字体】功能区中设置字体为【黑体】，字号为【20】，字体颜色为【蓝色】。

（2）选中数据项目所在的单元格区域 A2:I2，在【开始】选项卡【字体】功能区中设置字体为【隶书】，字号为【18】，字体颜色为【黑色】。

（3）选中单元格区域 A3:I40，在【开始】选项卡【字体】功能区中设置字体为【宋体】，字号为【14】，字体颜色为【黑色】。

	2013-2014学年第二学期成绩表						
学号	姓名	会计英语	财务会计	经济法	财务管理	总分	平均分
10101	陈冰	85	88	89	74		
10102	李刚	80	68	84	77		
10103	郑伟	86	76	66	85		
10104	王丽	75	84	56	86		
10105	刘娟	72	77	77	91		
10106	张平	66	69	88	56		
10107	袁宏	56	74	68	68		
10108	孔莉	84	58	78	78		
10109	李楠	89	85	72	87		

图 1.4.13　美化文字格式后的学生成绩表

2. 设置单元格数字格式

在工作表中,数字、日期、时间、货币等内容都以纯数字形式存储。在单元格内时,则按单元格的格式显示。如果单元格没有重新设置格式,则采用通用格式将数值以最大的精确度显示。

在输入数字时应注意以下几点:

(1)输入正数时,前面的"+"可以省略;输入负数时,前面的"-"不能省略,但可以用"( )"表示负数。

(2)输入纯小数时,可省略小数点前面的"0"。

(3)输入数值时,允许输入分节号。

(4)若输入数字超过当前单元格宽度,表格会自动将其以科学计数法表示;若科学计数法表示仍然超出单元格的列宽时,屏幕上会出现"#####"的符号,此时可以通过调整列宽来将其显示出来。

如图 1.4.14 所示为某电器销售商根据商品销售记录制作的一张电子表格,工作表中的数据全部采用默认格式,且其中有多种数字形式,如日期、数量、货币等。

	A	B	C	D	E	F
1	电器商品销售记录表					
2	序号	日期	商品名	单价	数量	金额
3	1	2016-03-C1	洗衣机	3000	5	15000
4	2	2016 03 C2	空调	4000	2	8000
5	3	2016-03-C3	数码相机	8000	1	8000
6	4	2016-03-C4	电视机	5000	4	20000
7	5	2016-03-C5	电视机	5000	6	30000
8	6	2016-03-C6	空调	4000	5	20000

图 1.4.14　未设置格式的商品销售记录

对工作表中的数字进行格式设置后,效果如图 1.4.15 所示。

具体操作如下:

(1)选择单元格区域 A1:F1,设置标题格式为【合并及居中】。

(2)选择单元格区域 A2:F2,单击【开始】选项卡【对齐方式】功能区的【居中】按钮。

(3)选择单元格区域 E3:E8,单击【开始】选项卡【对齐方式】功能区的【居中】按钮。

(4)选择单元格区域 B3:B8,单击【开始】选项卡【字体】功能区的快速启动命令组按钮,弹出【设置单元格格式】对话框,在【数字】选项卡中【分类】列表框选择【日期】选项,在【类型】列表中选择【2014 年 10 月 1 日】选项,如图 1.4.7 所示,单击【确定】按钮。

(5)分别选择单元格区域 D3:D8 和 F3:F8,用同样的方法设置数字格式为【货币】。

		电器商品销售记录表				
13						
14	序号	日期	商品名	单价	数量	金额
15	1	2016年3月1日	洗衣机	¥3,000.00	5	¥15,000.00
16	2	2016年3月2日	空调	¥4,000.00	2	¥8,000.00
17	3	2016年3月3日	数码相机	¥8,000.00	1	¥8,000.00
18	4	2016年3月4日	电视机	¥5,000.00	4	¥20,000.00
19	5	2016年3月5日	电视机	¥5,000.00	6	¥30,000.00
20	6	2016年3月6日	空调	¥4,000.00	5	¥20,000.00

图 1.4.15　格式设置后的商品销售记录

四、设置工作表中的数据格式

工作表中的数据一般都是居中的。当一个单元格中的内容比较多时,单元格的行和列可能需要调整。工作表中一般包含文字、数字等不同类型的数据,不同类型的数据建议采用不同的数据格式与对齐方式。

在学生成绩表新创建时,输入的数据都是默认格式。现要求改变工作表的格式,使其达到如图 1.4.16 所示的效果。

	A	B	C	D	E	F	G	H
1			2013-2014学年第二学期成绩表					
2	学号	姓名	会计英语	财务会计	经济法	财务管理	总分	平均分
3	10101	陈冰	85	88	89	74		
4	10102	李刚	80	68	84	77		
5	10103	郑伟	86	76	66	85		
6	10104	王丽	75	84	56	86		
7	10105	刘娟	72	77	77	91		
8	10106	张平	66	69	88	56		
9	10107	袁宏	56	74	68	68		
10	10108	孔莉	84	58	78	78		
11	10109	李楠	89	85	72	87		

图 1.4.16　设置数据格式后的成绩表

图 1.4.16 中所示工作表,标题居中;第二行数据项目名称和学生姓名居中;所有的数字左对齐。

1. 设置标题居中

选中单元格区域 A1:H1,单击【开始】选项卡【对齐方式】功能区的【合并后居中】下拉式菜单,选择【合并后居中】命令。

2. 行数据项目名称和学生姓名居中

选中单元格区域 A2:H2,单击【开始】选项卡【对齐方式】功能区的【合并后居中】下拉式菜单,选择【合并后居中】命令。

选中单元格区域 B2:B8,单击【开始】选项卡【对齐方式】功能区的【合并后居中】下拉式菜单,选择【合并后居中】命令。

选中单元格区域 A3:A8,单击【开始】选项卡【对齐方式】功能区的【合并后居中】下拉式菜单,选择【合并后居中】命令。

3. 所有数字左对齐

选中单元格区域 C3:H8,单击【开始】选项卡【对齐方式】功能区中的快速启动命令组按钮,启动【设置单元格格式】对话框,选择【对齐】选项卡,在【水平对齐】下拉列表框中选择【左对齐】选项。

设置单元格格式如图 1.4.17 所示。

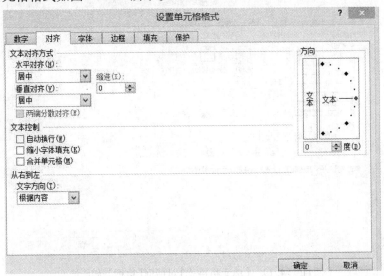

图 1.4.17 "设置单元格格式"对话框

五、美化工作表的外观

一般情况下,工作表需要加上边框线,有些比较特殊的单元格还需要突出显示。为

"成绩表"加上粗边框线、表格内部单元格之间用细实线分割、数据项目名称与表格内容之间用双横线分开,效果如图 1.4.18 所示,表格标题填充颜色为"橙色",表格第一行填充颜色为"黄色"。

（1）选择标题所在的单元格 A1,在鼠标右键单击弹出的快捷菜单中选择单元格,弹出【设置单元格格式】对话框,选择【边框】选项卡,如图 1.4.19 所示。

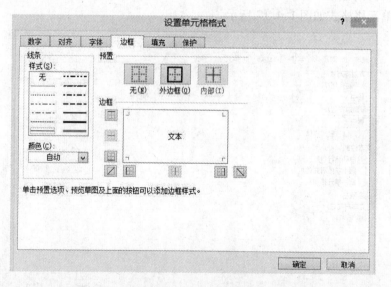

学号	姓名	会计英语	财务会计	经济法	财务管理	总分	平均分
10101	陈冰	85	88	89	74		
10102	李刚	80	68	84	77		
10103	郑伟	86	76	66	85		
10104	王丽	75	84	56	86		
10105	刘娟	72	77	77	91		
10106	张平	66	69	88	56		
10107	袁宏	56	74	68	68		
10108	孔莉	84	58	78	78		
10109	李楠	89	85	72	87		

图 1.4.18　美化工作表外观后的成绩表

图 1.4.19　【单元格格式】对话框【边框】选项卡

（2）在【线条】样式中指定表格线型为粗单实线,在【颜色】下拉列表框中指定表格边框线的颜色为【黑色】,单击【外边框】按钮。

（3）在【线条】样式中指定表格线型为粗单实线,在【颜色】下拉列表框中指定表格边框线的颜色为【黑色】,单击【外边框】按钮。

46

（4）选中单元格区域 A2：F2，在【样式】列表中选择单元格下方具有双画线的选项。

（5）选择标题所在的单元格 A1，在【字体】功能区中单击【填充颜色】按钮右边的下拉按钮，在打开的调色板上选择【橙色】。

（6）用同样的方法，设置单元格区域 A2：F2 的填充颜色为【黄色】；单元格区域 A3：H11 的填充颜色为【白色】，深色"20%"。

第四节　数据的整理及分析

一、数据的排序、筛选

1. 管理数据表

数据表的建立方法是：先建立一个表格，然后再逐条输入或记录数据表中的记录，如图 1.4.20 所示。

学号	姓名	会计英语	财务会计	经济法	财务管理	总分	平均分
			2013-2014学年第二学期成绩表				
10101	陈冰	85	88	89	74	336	84
10102	李刚	80	68	84	80	312	78
10103	郑伟	86	76	66	88	316	79
10104	王丽	75	84	56	89	304	76
10105	刘娟	72	77	77	94	320	80
10106	张平	66	69	88	57	280	70
10107	袁宏	56	74	68	70	268	67
10108	孔莉	84	58	78	80	300	75
10109	李楠	89	85	72	90	336	84

图 1.4.20　学生成绩表数据表

2. 建立和编辑数据表

实现数据功能的工作表应具有以下特点：

（1）数据由若干列组成，每一列有一个列标题，相当于数据表的字段名，如"姓名""学号"。列相当于字段，每一列的取值方位称为域，每一列必须是相同类型的数据。

表中每一行构成数据表的一个记录，每个记录存放一组相关的数据。其中，第一行必须是字段名，其余每行称为一个记录。

（2）数据列表中避免空白行和空白列，单元格不要以空格开头。按照上述特点建立一个数据表后，系统会自动将这个范围内的数据视为一个数据表。

47

建立一个学生成绩单数据表。在学生成绩单数据表中找出所有性别为"女""财务管理"成绩大于 80 分的记录。

（1）在 Excel 2010 中建立一个表格，按图 1.4.20 所示逐条输入数据表中的记录。

（2）将单元格光标移动到第一个记录上，选择【快速访问工具栏】下【记录单】，弹出【记录单】对话框，如图 1.4.21 所示。

图 1.4.21 【记录单】对话框

（3）单击【条件】按钮，弹出【条件】对话框。

（4）在其中输入条件：在【性别】字段名右边的字段框内输入"女"，在【财务管理】字段名右边的字段框内输入"≥80"。

（5）按【Enter】键确认，单击【上一条】或【下一条】按钮，对话框内显示满足条件的记录，此时可以在【条件】对话框内修改这些记录。

3. 排序

数据排序是数据处理中的常见工作。数据排序是指按一定规则对数据进行整理、排列。Excel 2010 提供了多种对数据清单进行排序的方法，可以按升序、降序的方式排序，也可以由用户自定义排序。如果只要求单列数据排序，先选择要排序的字段列（如"总分"列）。再在【开始】选项卡下【编辑】功能区选择【排序和筛选】下拉式菜单中选择需要的排序方式。无论是递增排序还是递减排序，空白单元格总是排在最后。

将图 1.4.20 所示的学生成绩单数据表按总分由高到低的顺序进行排列。

（1）选择单元格 H3 或选择成绩表数据表中的任一单元格。

（2）在【排序】对话框内指定排序的主要关键字、排序依据、次序，如果需要增加排序条件，则单击【添加条件】按钮。本例需在【主要关键字】下拉式列表框中 H 列（总分）单击【排序】按钮。

48

（3）单击【确定】按钮,即可在屏幕上看到排序结果,如图 1.4.22 所示。

	学号	姓名	会计英语	财务会计	经济法	财务管理	总分	平均分
1	2013-2014学年第二学期成绩表							
3	10101	陈冰	85	88	89	74	336	84
4	10109	李楠	89	85	72	90	336	84
5	10105	刘娟	72	77	78	94	320	80
6	10103	郑伟	86	76	66	88	316	79
7	10102	李刚	80	68	84	80	312	78
8	10104	王丽	75	84	56	89	304	76
9	10108	孔莉	84	58	78	80	300	75
10	10106	张平	66	69	88	57	280	70
11	10107	袁宏	56	74	68	70	268	67

图 1.4.22　按总分降序排序的结果

4. 数据筛选

筛选可以使我们快速查找和使用数据清单中的数据子集。筛选功能可以使 Excel 2010 仅显示出符合设置筛选条件的某一值或符合一组条件的行,而隐藏其他行。在 Excel 2010 中,提供了【自动筛选】和【高级筛选】命令来筛选数据。

（1）如果要执行【自动筛选】操作,我们的数据清单中必须有列标号。

在成绩表中,如要将平均分大于等于 70 分的男学生成绩筛选出来,其操作步骤如下:

①在要筛选的数据清单中选定单元格。

②选定【数据】菜单中的【筛选】命令,然后从子菜单中选择【自动筛选】命令。之后,我们就可以在数据清单中每一列标记的旁边插入向下箭头。

③单击包含表头【性别】数据列中的箭头,就可以看到一个下拉列表。列表中有【升序】【降序】【男】【女】等选项。本例选择【男】,性别为男的记录将自动筛选出来。

单击包含表头【平均分】数据列中的箭头,就可以看到一个下拉列表,并在该列表中选择【数字筛选】子菜单中的【大于或等于】命令,弹出【自定义自动筛选方式】对话框,如图 1.4.23 所示。

在【平均分】区域内单击左下拉列表框的箭头并从列表中选择【大于或等于】,在右边的筛选条件组合框内输入“70”。

有两个筛选条件时,可以选择“与”或“或”。其中,“与”表示两个条件均成立才作为筛选条件;“或”表示只要有一个条件成立就可作筛选条件,系统默认选择“与”。

④单击【确定】按钮,在工作表中我们就可以看到筛选的结果,如图1.4.24所示。

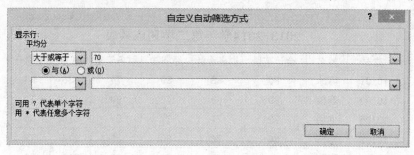

图1.4.23 【自定义自动筛选方式】对话框

	A	B	C	D	E	F	G	H	I
1	2013-2014学年第二学期成绩表								
2	学号	姓名	性别	会计英语	财务会计	经济法	财务管理	总分	平均分
3	10101	陈冰	男	85	88	89	74	336	84
6	10103	郑伟	男	86	76	66	88	316	79
7	10102	李刚	男	80	68	84	80	312	78
10	10106	张平	男	66	69	88	57	280	70

图1.4.24 自动筛选的结果

(2)利用【自动筛选】查找合乎准则的记录既方便又快速,但该命令的查找条件不能太复杂,如果要执行比较复杂的查找,就必须使用【高级筛选】命令。

要执行【高级筛选】命令,数据清单必须有列标记。在使用【高级筛选】命令之前,我们必须指定一个条件区域,以便显示出符合条件的行。我们可以定义几个条件(称为多重条件)来选择符合所有条件的行。条件标记和数据清单的列标记相同,可以从数据清单中直接复制过来;条件值则须根据筛选需要在条件标记下方构造,是执行【高级筛选】的关键部分。构造高级筛选的条件区域需要注意的是:如果条件区域放在数据清单的下方,那么两者之间应至少有一个空白行;如果条件区域放在数据清单的上方,则数据清单和条件区域之间也应剩余一个或几个空白行。

二、公式和函数的使用

Excel 2010具有强大的统计功能,除了能进行一般的表格处理外,还可在工作表单元格中输入公式和函数。在公式中可以使用单元格地址引用单元格总的内容,用于对工作表中的数据进行计算。

(1)公式的定义。

公式是一个能够进行运算的计算表达式,由算术运算符,比较运算符,文本运算符和

50

数字、文字用的单元格及括号组成。

①算术运算符：+（加）、-（减）、*（乘）、/（除）、%（百分数）、^（乘方）。

②比较运算符：=（等于）、>（大于）、<（小于）、≥（大于等于）、≤（小于等于）。

③文本运算符：&（连接符），用于两个字符串的连接。

（2）公式的输入。

在 Excel 2010 中，输入公式应以"＝"或"＋"开头，然后输入公式内容，否则 Excel 2010 会把公式视为一般的文本，从而失去公式的计算能力。

制作一张成绩表，如图 1.4.25 所示。用输入公式的方法计算"总分"和"平均分"。

在上述公式中，单元格 D3 的数据是 85，单元格 E3 的数据是 88，单元格 F3 的数据是 89，单元格 G3 的数据是 74，单元格 H3 中的数据是公式的计算结果 336，单元格 I3 的数据是公式的计算结果 84。

	A	B	C	D	E	F	G	H	I
1	2013-2014学年第二学期成绩表								
2	学号	姓名	性别	会计英语	财务会计	经济法	财务管理	总分	平均分
3	10101	陈冰	男	85	88	89	74	336	84
4	10109	李楠	女	89	85	72	90	336	84
5	10105	刘娟	女	72	77	77	94	320	80
6	10103	郑伟	男	86	76	66	88	316	79
7	10102	李刚	男	80	68	84	80	312	78
8	10104	王丽	女	75	84	56	89	304	76
9	10108	孔莉	女	84	58	78	80	300	75
10	10106	张平	男	66	69	88	57	280	70
11	10107	袁宏	男	56	74	68	70	268	67

图 1.4.25　成绩表

①选定要存放结果的单元格，本例中为 H3，输入公式"＝D3＋E3＋F3＋G3"，此时在 H3 单元格中显示"＝D3＋E3＋F3＋G3"，在编辑栏中也显示"＝D3＋E3＋F3＋G3"的字样。

②单击编辑栏中的"√"或按下键盘上的【Enter】键，在 H3 单元格中就显示了陈冰同学的总分。

③选定要存放结果的单元格，本例中为 I3，输入公式"＝H3/4"，此时在 I3 单元格中显示"＝H3/4"，在编辑栏中也显示"＝H3/4"的字样。

④单击编辑栏中的"√"或按下键盘上的【Enter】键，在 I3 单元格中就显示了陈冰同学的平均分。

⑤将单元格 H3 中的公式复制到单元格区域 H4:H11，将单元格 I3 中的公式复制到单元格区域 I4:I11。

（3）函数的使用。

函数是 Excel 2010 内部已经定义的公式,对指定的数值区域执行运算。在 Excel 2010 中,系统提供了非常丰富的函数,一共有 300 多个,为数据运算和分析带来极大的方便。下面介绍主要的函数分类和功能,见表 1.4.1。

表 1.4.1　函数的分类与功能

分类	功能
信息函数	返回单元格中的数据类型,并对数据类型进行判断
财务函数	对财务进行分析和计算
自定义函数	使用 VBA 进行编写并完成特定功能
逻辑函数	用于进行数据逻辑方面的运算
查找与引用函数	用于查找数据或单元格引用
文本和数据函数	用于处理公式中的字符、文本或对数据进行计算与分析
统计函数	对数据进行统计分析
日期与时间函数	用于分析和处理时间和日期值
数学与三角函数	用于进行数学计算

在使用函数时,可以单击输入栏左侧的 f_x,出现【插入函数】的对话框,如图 1.4.26 所示,如果所选择的函数有参数,还会出现【函数参数】对话框,如图 1.4.27 所示。

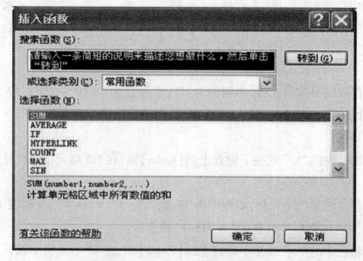

图 1.4.26　【插入函数】对话框

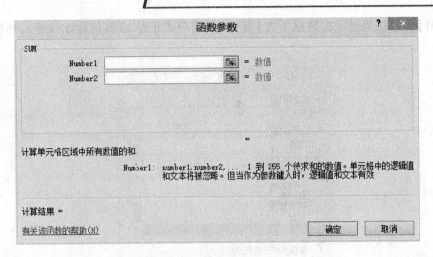

图 1.4.27　【函数参数】对话框

三、分类汇总

Excel 2010 中分类汇总指的是在对工作表中的数据进行了基本的数据管理之后,在使数据达到条理化和明确化的基础上,利用 Excel 2010 本身所提供的函数,对数据进行的一种汇总。数据的分类汇总分为两个步骤进行,第一个步骤是利用排序功能进行数据分类汇总;第二个步骤是利用函数的计算,进行一个汇总的操作。分类汇总的结果会插入到相应类别数据行的最上端或最下端。分类汇总并不局限于求和,也可以进行计数、求平均分等其他运算。

进行分类汇总时,如果选择分类汇总区域不明确或只是指定一个单元格而没有指定区域,系统将无法指定将哪一列作为关键字段来汇总。这时,系统提问是否使用当前单元格区域的第一列作为关键字,确认后,弹出【分类汇总】对话框,可以在其中指定进行分类汇总的关键字。

在学生成绩数据表中,按性别对平均分进行分类汇总。

(1)选择要进行分类汇总的单元格区域。

(2)选择【数据】选项卡下的【分级显示】功能区中【分类汇总】命令,弹出【分类汇总】对话框,如图 1.4.28 所示。

(3)在其中进行如下选择:

在【分类字段】下拉式列表框中选择【性别】。

在【汇总方式】下拉式列表框中选择【平均值】(汇总方式)。

在【选定汇总项】下拉式列表框中选择【平均分】(进行分类汇总的数据所在列)。

选择【替换当前分类汇总】复选框(新的分类汇总替换数据表中原有的分类汇总)。

选择【汇总结果显示在数据下方】复选框(将分类汇总结果和总计行插入到数据之下)。

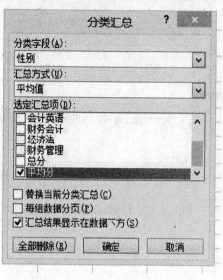

图 1.4.28 【分类汇总】对话框

(4)单击【确定】按钮,结果如图 1.4.29 所示。

	A	B	C	D	E	F	G	H	I
1	2013-2014学年第二学期成绩表								
2	学号	姓名	性别	会计英语	财务会计	经济法	财务管理	总分	平均分
3	10101	陈冰	男	85	88	89	74	336	84
4			男 平均值						84
5	10109	李楠	女	89	85	72	90	336	84
6	10105	刘娟	女	72	77	77	94	320	80
7			女 平均值						82
8	10103	郑伟	男	86	76	66	88	316	79
9	10102	李刚	男	80	68	84	80	312	78
10			男 平均值						78.5
11	10104	王丽	女	75	84	56	89	304	76
12	10108	孔莉	女	84	58	78	80	300	75
13			女 平均值						75.5
14	10106	张平	男	66	69	88	57	280	70
15	10107	袁宏	男	56	74	68	70	268	67
16			男 平均值						68.5
17			总计平均值						77

图 1.4.29 分类汇总结果

54

四、条件格式

在工作表中,如果希望突出显示公式的结果或符合特定条件的单元格,则可以使用条件格式。条件格式可以根据指定的公式或数值确定搜索条件,然后将格式应用到工作表选定范围中符合搜索添加的单元格中,并突出显示要检查的动态数据。

在成绩单元格中设置条件格式,查找在期末考试中不及格同学的记录:如果成绩小于 60 分,则单元格中加上红色的填充色;不满足条件不做任何处理。设置结果如图1.4.30所示。

(1)在工作表中选定单元格区域 B3:G11。

(2)在【开始】选项卡【样式】功能区下的【条件格式】下拉式菜单中选择【突出显示单元格规则】子菜单【小于】命令,如图 1.4.31 所示。

(3)在文本框中输入"60"。

(4)在【设置为】列表框中选择【自定义格式】,以弹出的【设置单元格格式】对话框中,选择【填充】选项卡,在【背景色】中选择【红色】。单击【确定】按钮,返回。

(5)单击【确定】按钮,完成【条件格式】对话框。

	A	B	C	D	E	F	G
1	2013-2014学年第二学期成绩表						
2	学号	姓名	性别	会计英语	财务会计	经济法	财务管理
3	10101	陈冰	男	85	88	89	74
4	10109	李楠	女	89	85	72	90
5	10105	刘娟	女	72	77	77	94
6	10103	郑伟	男	86	76	66	88
7	10102	李刚	男	80	68	84	80
8	10104	王丽	女	75	84	56	89
9	10108	孔莉	女	84	58	78	80
10	10106	张平	男	66	69	88	57
11	10107	袁宏	男	56	74	68	70

图1.4.30 设置条件格式显示不及格同学的记录

图1.4.31 【条件格式】对话框

第五节　工作表数据统计和分析

Excel 2010 是一个快速制表、将数据图表化以及进行数据分析和管理的工具软件包。Excel 2010 可以管理、组织复杂的数据,并对数据进行分析处理,最后以图表、统计图形的形式给出分析结果。Excel 2010 提供了超强的统计分析程序,范围涵盖了最基本的统计分析。

一、数据分析工具

Excel 2010 软件中提供了 15 组数据分析工具,称为"分析工具库"。在进行统计分析时使用分析工具可节省步骤和时间。只需为每一个分析工具提供必要的数据和参数,分析工具就会使用合适的统计函数,在输出表格中显示相应的结果。其中,有些工具在生成输出表格时还能同时生成图表。

【分析工具库】主要包括下面将要介绍的几种工具。要访问这些工具,需要单击【数据】选项卡上【分析】组中的【数据分析】。如果没有显示"数据分析"命令,则需要加载【分析工具库】,加载【宏程序】。依次单击【文件】选项卡、【选项】和【加载项】类别。在【管理】框中,选择【Excel 加载宏】,再单击【转到】。在【可用加载宏】框中选中【分析工具库】复选框,然后单击【确定】。如果【可用加载宏】框中没有【分析工具库】,则需单击【浏览】进行查找。

(1)"描述统计"分析工具用于生成数据源区域中数据的单变量统计分析报表,提供有关数据趋中性和易变性的信息。

(2)"指数平滑"分析工具基于前期预测值导出相应的新预测值,并修正前期预测值的误差。此工具将使用平滑常数 a,其大小决定了本次预测对前期预测误差的修正程度。

(3)"直方图"分析工具可计算数据单元格区域和数据接收区间的单个和累积频率。此工具可用于统计数据集中某个数值出现的次数。

例如,在一个有 20 名学生的班里,可按字母评分的分类来确定成绩的分布情况。直方图表可给出字母评分的边界,以及在最低边界和当前边界之间分数出现的次数。出现频率最多的分数即为数据集中的"众数"。

(4)"移动平均"分析工具可以基于特定的过去某段时期中变量的平均值,对未来值进行预测。移动平均值提供了所有历史数据的简单的平均值所代表的趋势信息。使用此工具可以预测销售量、库存或其他趋势。

(5)"排位与百分比排位"分析工具可以产生一个数据表,其中包含数据集中各个值的顺序排位和百分比排位。该工具用来分析数据集中各值之间的相对位置关系。该工具使用工作表函数 RANK 和 PERCENTRANK。RANK 不考虑重复值,如果希望考虑重复值,请在使用工作表函数 RANK 的同时,使用帮助文件中所建议的函数 RANK 的修正因素。

(6)"回归"分析工具通过对一组观察值使用"最小二乘法"直线拟合来执行线性回归分析。本工具可用来分析单个因变量是如何受到一个或几个自变量值的影响。例如,观察某个运动员的运动成绩与一系列统计因素(如年龄、身高和体重等)的关系。可以基于一组已知的成绩统计数据,确定这三个因素分别在运动成绩测试中所占的比例,然后使用该结果对尚未进行过测试的运动员的表现进行预测。

(7)"抽样"分析工具以数据源区域为总体,从而为其创建一个样本。当总体太大而不能进行处理或绘制时,可以选用具有代表性的样本。如果确认数据源区域中的数据是周期性的,还可以仅对一个周期中特定时间段中的数值进行采样。例如,如果数据源区域包含季度销售量数据,则以 4 为周期进行采样,将在输出区域中生成与数据源区域中相同季度的数值。

二、函数的统计分析

统计工作表函数用于对数据区域进行统计分析。例如,统计工作表函数可以提供由一组给定值绘制出的直线的相关信息,如直线的斜率和 y 轴截距,或构成直线的实际点数值。

1. AVEDEV 离散度

用途:返回一组数据与其平均值的绝对偏差的平均值,该函数可以评测数据(例如学生的某科考试成绩)的离散度。

语法:AVEDEV(number1,number2,...)

参数:number1,number2,...是用来计算绝对偏差平均值的一组参数,其个数可以在 1~30 个之间。

实例:如果 A1 = 79、A2 = 62、A3 = 45、A4 = 90、A5 = 25,则公式" = AVEDEV(A1:A5)"返回 20.16。

2. AVERAGE 算术平均

用途:计算所有参数的算术平均值。

语法:AVERAGE(number1,number2,...)。

参数:number1,number2,...是要计算平均值的 1~30 个参数。

实例:如果 A1:A5 区域命名为分数,其中的数值分别为 100、70、92、47 和 82,则公式" = AVERAGE(分数)"返回 78.2。

3. AVERAGEA 平均值

用途:计算参数清单中数值的平均值。它与 AVERAGE 函数的区别在于不仅数字而且文本和逻辑值(如 TRUE 和 FALSE)也参与计算。

语法:AVERAGEA(value1,value2,…)

参数:value1,value2,… 为需要计算平均值的 1～30 个单元格、单元格区域或数值。

实例:如果 A1 = 76、A2 = 85、A3 = TRUE,则公式“ = AVERAGEA(A1:A3)”返回 54(即(76 + 85 + 1)/3 = 54)。

4. BETADIST 函数值

用途:返回 Beta 分布累积函数的函数值。Beta 分布累积函数通常用于研究样本集合中某些事物的发生和变化情况。例如,人们一天中看电视的时间比率。

语法:BETADIST(x,alpha,beta,A,B)

参数:x 是用来进行函数计算的值,须居于可选性上下界(A 和 B)之间,即 Alpha 分布的参数和 Beta 分布的参数。A 是数值 x 所属区间的可选下界,B 是数值 x 所属区间的可选上界。

实例:公式“ = BETADIST(2,8,10,1,3)”返回 0.685 470 581。

5. BETAINV 逆函数值

用途:返回 Beta 分布累积函数的逆函数值。即,如果 probability = BETADIST(x,…),则 BETAINV(probability,…) = x。Beta 分布累积函数可用于项目设计,在给出期望的完成时间和变化参数后,模拟可能的完成时间。

语法:BETAINV(probability,alpha,beta,A,B)

参数:Probability 为 Beta 分布的概率值,Alpha 分布的参数,Beta 分布的参数,A 是数值 x 所属区间的可选下界,B 是数值 x 所属区间的可选上界。

实例:公式“ = BETAINV(0.685 470 581,8,10,1,3)”返回 2。

6. BINOMDIST 概率值

用途:返回一元二项式分布的概率值。BINOMDIST 函数适用于固定次数的独立实验,实验的结果只包含成功或失败两种情况,且成功的概率在实验期间固定不变。例如,它可以计算掷 10 次硬币时正面朝上 6 次的概率。

语法:BINOMDIST(number_s,trials,probability_s,cumulative)

参数:Number_s 为实验成功的次数,Trials 为独立实验的次数,Probability_s 为一次实验中成功的概率,Cumulative 是一个逻辑值,用于确定函数的形式。如果 cumulative 为 TRUE,则 BINOMDIST 函数返回累积分布函数,即至多 number_s 次成功的概率;如果为 FALSE,返回概率密度函数,即 number_s 次成功的概率。

实例:抛硬币的结果不是正面就是反面,第一次抛硬币为正面的概率是 0.5,则掷硬币 10 次中 6 次的计算公式为“ = BINOMDIST(6,10,0.5,FALSE)”,计算的结果等于 0.205 078。

7. CONFIDENCE 平均值的置信区间

用途:返回总体平均值的置信区间,它是样本平均值任意一侧的区域。例如,某班学生参加考试,依照给定的置信度,可以确定该次考试的最低和最高分数。

语法:CONFIDENCE(alpha,standard_dev,size)。

参数:Alpha 是用于计算置信度(它等于 100 × (1 - alpha)%,如果 alpha 为 0.05,则置信度为 95%)的显著水平参数,Standard_dev 是数据区域的总体标准偏差,Size 为样本容量。

实例:假设样本取自 46 名学生的考试成绩,他们的平均分为 60 分,总体标准偏差为 5 分,则平均分在下列区域内的置信度为 95%。公式" = CONFIDENCE(0.05,5,46)"返回 1.44,即考试成绩为 60 ± 1.44 分。

8. CORREL 相关系数

用途:返回单元格区域 array1 和 array2 之间的。它可以确定两个不同事物之间的关系,例如检测学生的物理与数学学习成绩之间是否关联。

语法:CORREL(array1,array2)

参数:array1 第一组数值单元格区域,Array2 第二组数值单元格区域。

实例:如果 A1 = 90、A2 = 86、A3 = 65、A4 = 54、A5 = 36、B1 = 89、B2 = 83、B3 = 60、B4 = 50、B5 = 32,则公式" = CORREL(A1:A5,B1:B5)"返回 0.998 876 229,可以看出 A、B 两列数据具有很高的相关性。

9. COUNT 单元格个数

用途:返回数字参数的个数。它可以统计数组或单元格区域中含有数字的单元格个数。

语法:COUNT(value1,value2,...)。

参数:value1,value2,... 是包含或引用各种类型数据的参数(1 ~ 30 个),其中只有数字类型的数据才能被统计。

实例:如果 A1 = 90、A2 = 人数、A3 = " "、A4 = 54、A5 = 36,则公式" = COUNT(A1:A5)"返回 3。

三、数据统计综合分析应用

成绩分布频率分析是学生成绩分析的一项重要任务,即统计各分数段中的人数,为研究成绩分布提供基础数据。下面以图 1.4.32 中的数据为例,说明如何计算 70 分以下、71 ~ 79、80 ~ 89、90 分及以上,各分数段内的人数。

选中存放统计结果的区域(C2:C5),在编辑栏内输入公式" = FREQUENCY(A2:A10,B2:B4)",最后让光标停留在公式的末尾。按【Shift + Ctrl + Enter】组合键,编辑栏内将显示"{ = FREQUENCY(A2:A10,B2:B4)}"(此处大括号表示这是一个数组公式),C2:C5 区域就会显示各分数段内的成绩个数。结果如图 1.4.33 所示。

	A	B	C
	会计英语	分数段	人数
1	85	70	
2	89	79	
3	72	89	
4	86		
5	80		
6	75		
7	84		
8	66		
9	86		

图 1.4.32 待统计数据

	A	B	C	D	E	F
	会计英语	分数段	人数			
1	85	70	1			
2	89	79	2			
3	72	89	6			
4	86		0			
5	80					
6	75					
7	84					
8	66					
9	86					

图 1.4.33 统计结果

第六节 图表数据分析

一、图表的基本操作

表格中各项数据计算完成后,就可以制作直观的分数分布情况图表了。在数据表(见图1.4.20)中选择数据区域 B2:C5,在【插入】选项卡中单击【图表】功能区右下角的快速启动按钮,弹出【插入图表】对话框,选择【柱形图】中的【百分比堆积柱形图】选项,如图 1.4.34 所示,单击【确定】按钮,生成的默认图表,如图 1.4.35 所示。

单击图表,选择【图表工具】中的【布局】选项卡。在【标签】组中设置【图表标题】为【图表上方】,在文本框中输入"各分数阶段分布图",如图 1.4.36 所示。

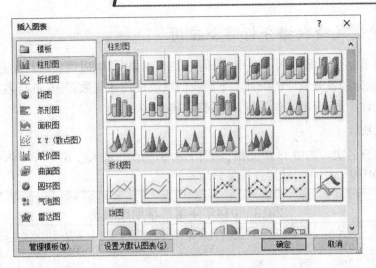

图1.4.34　【插入图表】对话框

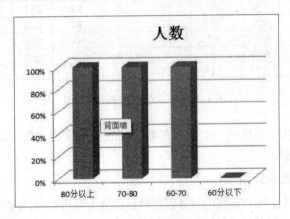

图1.4.35　生成的默认图表

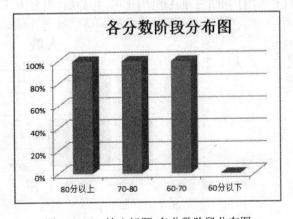

图1.4.36　输入标题:各分数阶段分布图

二、学生成绩数据分析综合应用

在第四节学生成绩分析一节中,我们对图 1.4.20 学生成绩表进行了总分、平均分、最高分,最低分和各分数段的统计。下面我们继续使用这张数据表,进行名次统计,生成各分数段统计图表,进行页面设置,最后打印输出。

1. 名次统计

计算总分名次。选中 I3 单元格,如图 1.4.37 所示,输入公式" = RANK(H3,MYMH-MYM3:MYMHMYM10)",然后进行复制填充。

学号	姓名	会计英语	财务会计	经济法	财务管理	总分	平均分	名次
		2013-2014学年第二学期成绩表						
10101	陈冰	85	88	89	74	336	84	1
10102	李刚	80	68	84	80	312	78	4
10103	郑伟	86	76	66	88	316	79	3
10104	王丽	75	84	56	89	304	76	5
10105	刘娟	72	77	77	94	320	80	2
10106	张平	66	69	88	57	280	70	7
10107	袁宏	56	74	68	70	268	67	8
10108	孔莉	84	58	78	80	300	75	6

图 1.4.37　学生成绩表名次统计

RANK 函数的功能是反映一个数字在数字列表中的排位。数字的排位是其大小与列表中其他数值的比值。

2. 各分数段人数统计图

在图 1.4.20 数据表中,以班级的财务管理科目成绩为分析对象,分析其中各分数段内的人数。选择区域 A3:B6,选择【插入】选项卡,单击【图表】功能区右下角的【快速启动】按钮,弹出【插入图表】对话框,选择【柱形图】中的【三维柱形图】选项,生成统计图表,如图 1.4.38 所示。

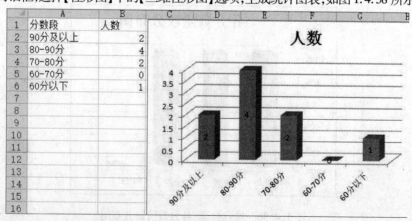

图 1.4.38　财务管理科目各分数段人数统计图

习 题

（1）输入图1.4.39所示工作表数据。

	A	B	C	D	E	F	G	H	I	J
1	2015年上半年XX公司销售情况统计表（单位：万元）									
2	员工编号	姓名	部门	1月	2月	3月	4月	5月	6月	上半年销售合计
3	00324618	李应富	一部	2.5	4.0	3.5	5.0	6.0	4.5	
4	00324619	曾琛	二部	3.2	4.1	3.8	3.5	4.2	3.8	
5	00324620	丁俊民	二部	3.6	4.7	4.1	3.9	2.9	3.6	
6	00324621	刘华	二部	8.2	6.5	4.2	3.8	3.7	4.8	
7	00324622	土文半	一部	7.1	6.2	5.6	6.5	4.0	5.4	
8	00324623	孙娜	一部	6.6	5.1	5.4	3.8	4.7	5.1	
9	00324624	丁怡	三部	4.6	5.1	5.3	6.5	7.5	8.1	
10	00324625	蔡娜	一部	6.4	2.2	6.1	5.3	3.8	5.2	
11	00324626	罗建	二部	5.5	5.3	6.1	4.4	6.1	4.6	
12	00324627	肖羽	二部	3.9	4.2	2.9	3.3	3.4	4.7	
13	00324628	甘晓聪	一部	6.6	5.1	3.8	4.5	5.1	5.6	
14	00324629	姜雪	三部	6.3	5.1	4.5	5.2	2.9	2.4	
15	00324630	郑敏	一部	3.6	6.5	5.5	3.9	5.1	6.2	

图1.4.39 2015年上半年××公司销售情况统计表

（2）将表中数据设置为小数，且保留一位小数。

（3）将表标题设置为楷体、18号，其余文字与数值均设置为宋体、12号。

（4）将表中月销售额在30万元以上的数值显示为红色，同时将月销售额在10万元以下的数值显示为绿色。

（5）设置行高为15。

（6）将"姓名"所在列的列宽调整为13，将每月销售额所在列的列宽调整为"最适合的列宽"。

（7）图表操作。

根据图1.4.39中的数据，绘制饼状图。

第五章

Chapter 5

PowerPoint 2010——资料演示

在计算机日益普及的今天,无论是教师授课、产品宣传还是会议报告都会使用演示文稿进行展示。PowerPoint 2010 是目前被广泛使用的演示文稿制作软件,主要用于演示文稿的创建,即幻灯片的制作,简称 PPT(也称为幻灯片制作演示软件)。它的处理功能十分强大,人们可以用它来制作、编辑和播放一张或一系列的幻灯片。使用它能够制作出集文字、图形、图像、声音以及视频剪辑等多媒体元素于一体的演示文稿,把自己所要表达的信息组织在一组图文并茂的画面中。PPT 被广泛应用于课程教学、广告宣传、介绍公司的产品、展示自己的学术成果等方面。

第一节 PowerPoint 2010 基本操作

一、创建演示文稿

当用户安装完 Office 2010 之后,PowerPoint 2010 也同时自动安装完成,这时启动 PowerPoint 2010 就可以创建演示文稿了。常用的启动方法有三种:常规启动、通过创建新文档启动和使用已安装的模板建立演示文稿启动。

1. 常规启动

常规启动是 Microsoft Windows 操作系统中最常用的启动方式。选择【开始】→【程序】→【Microsoft Office】→【Microsoft Office PowerPoint 2010】命令,即可启动程序。

2. 通过创建新文档启动

成功安装 Microsoft Office 2010 后,在桌面或者文件夹内的空白区域右击鼠标,将弹出如图 1.5.1 所示的快捷菜单,此时选择【新建】→【Microsoft Office PowerPoint 演示文稿】命令,即可在桌面或者当前文件夹中创建一个名为"新建 Microsoft Office PowerPoint 演示文稿. pptx"的文件。此时该文件的文件名处于可修改状态,用户可以重命名该文件。双击文件图标,即可打开新建的 PowerPoint 2010 文件。

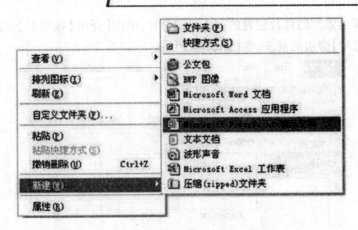

图 1.5.1　通过创建新文档启动 PowerPoint 2010

3. 使用已安装的模板建立演示文稿启动

用户可以使用本机上已安装的模板建立演示文稿,并且通过"Office Online 模板"得到更多的模板,操作方法如下:

(1)单击【文件】选项卡,在打开的菜单上单击【新建】。然后在【可用的模板和主题】下单击【样本模板】。

(2)在【样本模板】下选择一个模板,如"培训",然后单击【创建】按钮,如图 1.5.2 所示,就可以创建基于【培训】模板的演示文稿。

图 1.5.2　使用模板创建演示文稿

二、幻灯片的编辑

1. 添加幻灯片

当需要在演示文稿中添加新的幻灯片时,操作步骤如下:

（1）选中需要添加幻灯片位置的前一张幻灯片,单击【开始】选项卡上的【幻灯片】组中的【新建幻灯片】旁边的箭头,如图1.5.3所示。

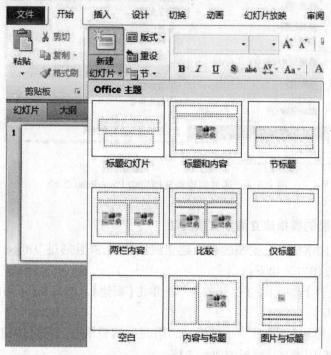

图1.5.3 新建幻灯片

（2）此时,界面上会出现一个幻灯片的模板库,其中显示了各种可用幻灯片布局的缩略图。单击新幻灯片所需要的布局,就可添加符合一定布局的幻灯片。

（3）如果用户希望新建幻灯片与前面的幻灯片具有相同的布局,则只需单击【新建幻灯片】而不必单击它旁边的箭头。

2.选定幻灯片

对幻灯片进行操作前必须先选定它,可以选定单张幻灯片,也可以选定多张连续的或者不连续的幻灯片。在【大纲】和【幻灯片】选项卡的窗格中可以完成幻灯片的选定操作。

①选定单张幻灯片:单击该幻灯片即可选中幻灯片。

②选定多张连续幻灯片:选中首张幻灯片,按住【Shift】键后单击选中结束位置的幻灯片。

③选定多张不连续的幻灯片:选中首张幻灯片,按住【Ctrl】键后逐一单击不连续的幻灯片。

3.复制幻灯片

如果用户希望创建两个内容和布局相似的幻灯片,则可以通过创建一个具有两个幻

66

灯片都能共享所有格式和内容的幻灯片,然后复制该幻灯片,向每个幻灯片单独添加最终的风格,具体的操作方法如下:

(1)在包含【大纲】和【幻灯片】选项卡的窗格中,单击【幻灯片】选项卡。右键单击要复制的幻灯片,在弹出的快捷菜单中单击【复制】命令。

(2)在目标演示文稿中的【幻灯片】选项卡上,找到复制幻灯片插入点前面的那张幻灯片并右键单击它,然后单击【粘贴】。要保留复制幻灯片的原始设计,请单击【粘贴选项】按钮,然后单击【保留源格式】,即可完成幻灯片的复制。

(3)如果只是要将幻灯片移动到其他位置,请选择要移动的幻灯片,然后将它们拖动到新位置即可。使用上述的【粘贴选项】按钮保留其原始格式。

4. 保存演示文稿

在处理演示文稿的过程中,保存演示文稿也是比较重要的一步。通过保存,用户便可在其他时间再次查看已经编辑好的演示文稿。在实际工作中,一定要养成经常保存的习惯,在制作演示文稿的过程中,保存的次数越多,因意外事故造成的损失就越小。

(1)保存新建的演示文稿。

如果是保存新建演示文稿,可按下面的操作步骤实现。

在新建的演示文稿中,单击快速访问工具栏中的【保存】按钮。在弹出的【另存为】对话框中设置演示文稿的保存路径、文件名及保存类型,然后单击【保存】按钮即可。

(2)保存已有的演示文稿。

对于已有的演示文稿,对其进行编辑后也要进行保存,以便以后进行查看。已有演示文稿与新建演示文稿的保存方法相同,只是对它进行保存时,由于仅将演示文稿的更改保存到原演示文稿中,因而不会弹出【另存为】对话框,但会在状态栏中显示"Power-Point 正在保存…"的提示,保存完成后提示立即消失。

(3)将演示文稿另存。

对原演示文稿进行修改后,如果希望不改变原演示文稿的内容,可将修改后的演示文稿以不同名称进行另存,或另保存一份副本到电脑的其他位置。

将演示文稿进行另存的操作方法为:在要进行另存的演示文稿中切换到【文件】选项卡,然后单击左侧窗格的【另存为】命令,在弹出的【另存为】对话框中设置与当前演示文稿不同的保存位置、不同的保存名称或不同的保存类型,设置完成后,单击【保存】按钮即可。

第二节　制作演示文稿的基本方法

一、编辑幻灯片

由于幻灯片的主体是文字,因此幻灯片上文本的操作是每一个用户必须熟悉的内容。在 PowerPoint 2010 中,对于文本格式的设置,如字体、字形、字号的设置,文本的特殊效果的设置、文字背景、颜色的设置,段落的对齐方式,项目符的使用等相应操作与 Word 2010 软件中的操作相同。在 PowerPoint 2010 中文本可以添加到占位符、开关和文本框中。

1. 在占位符中添加正文或标题文本

PowerPoint 2010 为用户提供了多种幻灯片的版式,绝大部分幻灯片版式中都有可以输入文本的【文本占位符】,用户可以根据需求进行选择。模板中带有虚线的框就是占位符,如图 1.5.4 所示。其中【单击此处添加标题】【单击此处添加文本】和【双击此处添加媒体剪辑】是占位符的位置,前两项是文本占位符,在这些框内可以放置标题及正文。具体操作步骤如下:

(1)单击某一个【文本占位符】框内的提示文字,文字消失出现一个闪烁的竖线光标,占位符的虚线边框变为斜线边框。

(2)在闪烁的光标处输入或粘贴文本。

(3)标题或文本的内容输入完成后,单击幻灯片中任意空白处,占位符消失。留有输入的标题或文本的内容标题占位符消失,正在进行输入的文本占位符显示。如果文本内容的宽度超出了占位符的宽度,PowerPoint 2010 会自动增加行或逐渐减小输入文本的字号和行间距以使文本大小合适。

单击此处添加标题

单击此处添加文本

图 1.5.4　占位符

2. 将文本添加到形状中

正方形、圆形、标注批注框和箭头总汇等形状也可以包含文本。在形状中键入文本时,文本会附加到形状并随形状一起移动和旋转。

要添加会成为形状组成部分的文本,请选择该形状,然后键入或粘贴文本,如图 1.5.5所示。

添加文本到标注框

图 1.5.5　添加文本到形状

3.将文本添加到文本框中

使用文本框可将文本放置在幻灯片上的任何位置,如文本占位符外部。例如,您可以通过创建文本框并将其放置在图片旁边来为图片(图片:可以取消组合并作为两个或多个对象操作的文件(如图元文件),或作为单个对象(如位图)的文件。)添加标题。此外,如果要将文本添加到形状中但又不希望文本附加到形状,那么使用文本框就会非常方便。您还可以在文本框中为文本添加边框、填充、阴影或三维(3D)效果。其基本操作如下:

(1)在【插入】选项卡上的【文本】组中,单击【文本框】,如图1.5.6所示。

图1.5.6　插入文本框

(2)单击幻灯片,然后拖动指针以绘制文本框。

(3)向文本框中添加文本之前,请在文本框内单击,然后键入或粘贴文本。如图1.5.7所示。

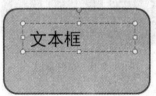

图1.5.7　在文本框中输入文本

二、修饰幻灯片的外观

在 PowerPoint 2010 中,用户可以快速地设计格局统一且有特色的幻灯片外观,这主要是通过 PowerPoint 2010 提供的设置演示文稿外观功能来实现的。对演示文稿外观进行设置的方法有:使用版式、母板、主题和背景样式。

1.使用幻灯片版式

幻灯片版式是 Power Point 2010 软件中的一种常规排版的格式,通过幻灯片版式的应用可以对文字、图片等等进行更加合理简洁地布局。版式由文字版式、内容版式、文字版式和内容版式与其他版式这四个版式组成。通常情况下软件已经内置几个版式类型供使用者使用,利用这四个版式就可以轻松完成幻灯片的制作和运用。

在 PowerPoint 2010 中新建空白演示文稿,选择显示名为"标题幻灯片"的默认版式,但还有其他的标准版式也可供使用。应用版式的操作方法如下:

打开 PowerPoint 2010 文件,切换到【开始】选项卡,单击【幻灯片】组中的【版式】按钮,从弹出的下拉菜单中选择一种版式。如图 1.5.8 所示,幻灯片的布局方式将发生更改。

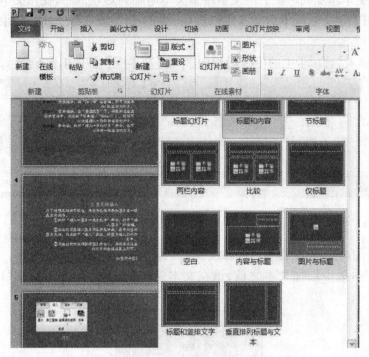

图 1.5.8 选择版式

2.使用幻灯片的背景样式

为了使制作出的幻灯片更符合设计要求,在多数情况下,需要对幻灯片的背景进行设置。幻灯片的背景包括颜色、过渡效果、纹理、图案和图片等属性,向演示文稿中添加背景样式的方法如下:

(1)在打开的 PPT 文档中,右键单击任意 PPT 幻灯片页面的空白处,选择【设置背景格式】;或者单击【设计】选项卡,选择右边的【背景样式】中的【设置背景格式】也可以,效果如下图 1.5.9 所示。

(2)在弹出的【设置背景格式】窗口中,选择左侧的【填充】,就可以看到有【纯色填充】【渐变填充】【图片或纹理填充】【图案填充】四种填充模式,在 PPT 幻灯片中不仅可以插入自己喜爱的图片背景,而且还可以将 PPT 背景设为纯色或渐变色,如图 1.5.10 所示。

(3)如果要插入漂亮的背景图片,可以选择【图片或纹理填充】,在【插入自】有两个按钮,一个是自【文件】,可选择本机电脑存储的 PPT 背景图片;另一个是自【剪贴画】,可搜索来自"office. com"提供的背景图片,如图 1.5.11 所示。

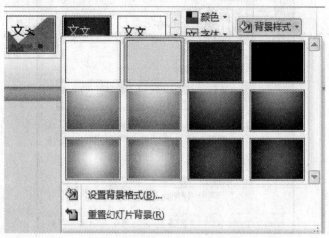

图 1.5.9　背景样式

图 1.5.10　设置背景格式方法 1

(4)单击【文件】按钮,在弹出的对话框【插入图片】中选择图片的存放路径,选择后点击【插入】即可插入你准备好的 PPT 背景图片。

(5)回到【设置背景格式】窗口中,之前的步骤都只是为本张幻灯片插入了 PPT 背景图片,如果想要全部幻灯片应用同一张 PPT 背景图片,单击【设置背景格式】窗口中右下角的【全部应用】按钮即可。

图 1.5.11　设置背景格式方法 2

3. 使用幻灯片的母版

一个演示文稿可以由许多幻灯片组成,为了保证演示文稿内的幻灯片具有统一的风格和布局,可以通过母版功能来设计整个演示文稿。幻灯片母版可以看作是一个用于构建幻灯片的基本框架。如果要修改文件中所有幻灯片的外观,可以只修改幻灯片的母版,而不需要一张张幻灯片去修改;但是若只想修改某张幻灯片则一定不要修改母版。

母版中包含可出现在每一张幻灯片上的显示元素,如文本占位符、图片、动作按钮等。幻灯片母版上的元素将出现在每张幻灯片的相同位置上,使用母版可以十分方便地统一幻灯片的风格。母版可以分为幻灯片母版和讲义母版、备注母版三种。用户可以单击【视图】下拉菜单→【母版】→【母版类型】,此时将显示母版编辑画面(母版上的文字并不显示在幻灯片上,只是控制文本格式),如图 1.5.12 所示。

图 1.5.12　使用母版

使用幻灯片母版的基本操作如下:

(1)选择【视图】选项卡中的【幻灯片母版】对幻灯片母版进行设计,打开【幻灯片母版】选项卡,如图 1.5.13 所示。

图 1.5.13 幻灯片母版选项卡

（2）图 1.5.14 显示了一个包含三种版式的幻灯片母版。图示最上端的幻灯片是【主母版】，另外还为每个版式单独设置【版式母版】。如图所示最下方的其他幻灯片都是【版式母版】，可以单独设置每个【版式母版】。

图 1.5.14 幻灯片母版编辑

（3）如果没有适合需求的标准版式，则可以为幻灯片母版添加自定义的版式。操作方法是在【幻灯片母版】选项卡上的【编辑母版】组中，单击【插入版式】，然后在包含幻灯片母版和版式的左侧窗格中，单击幻灯片母版下方添加的新版式，随后在该版式母版上添加各种占位符设置布局。

（4）单击【关闭母版视图】按钮即可退出对幻灯片母版的编辑。

除了幻灯片母版之外，PPT 母版还有讲义母版和备注母版两种。讲义母版可以用来控制所打印的演示文稿讲义外观。在讲义母版中可以添加或修改讲义的页眉和页脚信息，也可以重新设置讲义的格式。但是对讲义母版的修改只能在打印出的讲义中得到体现。备注母版主要用来备注页的版式和格式。

三、幻灯片中插入对象

对象是幻灯片的重要组成元素,在幻灯片中所插入的文字、图表、结构图、声音、视频文件等都可以称为对象。用户可以选择对象,输入对象内容,修改对象的属性,对对象进行移动、删除等操作。

1. 插入声音

(1)在包含【大纲】和【幻灯片】选项卡的窗格中,单击【幻灯片】选项卡选中要添加声音的幻灯片。

(2)单击【插入】选项卡上【媒体】组中的【声音】,在下拉菜单中进行选择,如图 1.5.15所示。可以从【剪辑管理器】中的【声音】中选择所需要声音;也可从【文件中的声音】中插入声音文件(只需在【插入声音】对话框中进行文件选择即可),可选择文件类型有:Mid、Wav、Wma、Aif、au、MP3 等。选中文件并确定后,窗口中会出现一个对话框,询问"您希望在幻灯片放映时如何开始播放声音?"。选择【自动】,那么当幻灯播放到时就会自动播放声音;选择【单击】,那么要等鼠标单击后才播放声音,如图 1.5.16 所示。选中声音文件,可以通过【编辑】菜单中的【声音对象】或是右键菜单中的【编辑声音对象】功能对插入的声音文件进行播放设置,如【循环播放】和【隐藏声音图标】等。

图 1.5.15　插入声音

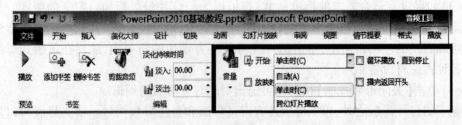

图 1.5.16　设置如何开始播放声音

(3)循环播放声音直至幻灯片结束。

这项操作适用于图片欣赏等不需要教师讲解的演示文稿,往往是伴随着声音出现一幅幅图片的形式。操作步骤如下（假设共有 5 张幻灯片）：

①在要出现声音的第一张幻灯片中单击主菜单【插入】→【影片中的声音】→【文件中的声音】（或剪辑库中的声音等），选择一个声音文件，在弹出的对话框【是否需要在幻灯片放映时自动播放声音】中选择【是】，随后在幻灯片上会显示一个喇叭图标。

右单击该喇叭图标，选择【自定义动画】中的【多媒体设置】项，选择【按动画顺序播放】，播放时"继续幻灯片放映"，停止播放在"5 张幻灯片后"。

单击【其他选项】，选择【循环播放，直到停止】。

以上操作无论是有链接还是无链接的情况，只要是点击了 5 张幻灯片就会停止播放声音（不是序号的第 5 张）。

②声音只出现在当前一张幻灯片，切换至任一张则停止。

这项操作适用于出现在当前页的声音，无论声音播放完与否，都可进入下一个单元。声音的操作步骤同①。

2. 插入影片

影片属于视频文件，将视频文件添加到演示文稿中可以增加演示文稿的播放效果。

（1）为幻灯片添加影片。

①在包含【大纲】和【幻灯片】选项卡的窗格中，单击【幻灯片】选项卡选中要添加影片的幻灯片。

②单击【插入】选项卡上【媒体】组中的【视频】，在下拉菜单中进行选择，如图 1.5.17 所示。

③如果要插入文件中的影片，需要单击【文件中的视频】，找到包含所需文件的文件夹，然后双击要添加的文件即可。

图 1.5.17　插入视频

（2）选择【自动】或【单击时】。

若要在放映幻灯片时自动开始播放影片，单击【自动】，影片播放过程中，可单击影片暂停播放，要继续播放，可再次单击影片；若要通过在幻灯片上单击影片来搬运开始播放，单击【在单击时】。影片播放方式的操作方法如下：

①单击选中幻灯片上插入的影片。

②在【视频工具】下，单击【播放】选项卡。在【视频选项】组中，从【开始】列表中选择所需的选项，如图 1.5.18 所示。

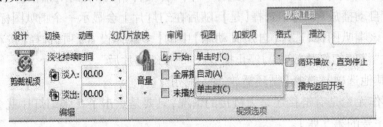

图 1.5.18　设置影片是否自动播放

3. 插入超链接

在 PowerPoint 2010 中，超链接是从一张幻灯片到同一演示文稿中的另一张幻灯片的连接或是从一张幻灯片到不同演示文稿中的另一张幻灯片、电子邮件地址、网页或文件的连接。创建超链接的对象有文本、图片、图形或艺术字等。

（1）打开 PowerPoint 2010，选中要添加超链接的文本或者图像，然后切换到功能栏中的【插入】选项，在【链接】选项中点击【超链接】按钮（"地球"图标）；或者鼠标右单击对象文字，在弹出的快捷菜单中点击出现的【超链接】选项。

（2）可以让对象链接到内部文件的相关文档，只需在【插入超链接】中找到你需要链接文档的存放位置。单击【确定】按钮完成设置，将鼠标移到设置好超链接的文本或对象上的，鼠标会变为手的形状。

（3）弹出【编辑超链接】窗口，如果要添加网页超链接，则需点击【现有文件或网页】，在【地址】中输入地址。

（4）如果要跳转到某一张 PPT 幻灯片，则可以点击【本文档中的位置】选项，选择要跳转的幻灯片，设置完后按【确认】按钮，此时点击添加过超链接的图片，就会链接到相应的位置了。

4. 插入动作按钮

在幻灯片中适当地添加动作按钮，然后加上适当的动作链接操作，可以方便对幻灯片的播放进行操作。当演示者单击动作按钮或将鼠标悬停在动作按钮上时，动作即会执行。添加动作按钮的具体操作方法是：

（1）在【插入】选项卡上的【插图】组中，单击【形状】下的箭头，打开形状选择框。

（2）在【动作按钮】下，单击要添加的按钮，如图 1.5.19 所示。

（3）单击幻灯片上的一个位置，然后通过拖动为该按钮绘制形状。此时系统会弹出一个【动作设置】对话框。在【动作设置】对话框中，根据具体情况进行选择，如果要选择动作按钮在被单击时的行为，请单击【单击鼠标】选项卡；如果要选择鼠标移过时动作按钮的行为，请单击【鼠标移过】选项卡。

图 1.5.19　插入动作按钮

（4）然后设置发生的动作，如图 1.5.20 所示。设置超级链接到本演示文稿中的某一张幻灯片，并且当单击鼠标的时候播放【单击】声音。

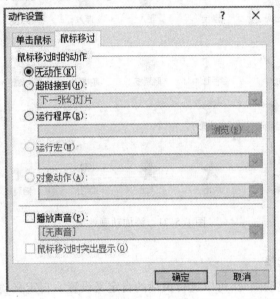

图 1.5.20　动作设置

第三节　幻灯片高级设置

PowerPoint 2010 提供了非常丰富的动画方案、幻灯片切换效果和不同的放映方式，使演示文稿在放映时具有很好的视觉效果，以满足不同用户在不同场合的需求。

一、设置动画效果

在演示文稿制作中，为每张幻灯片添加特殊的动画方案，不但可以在放映时产生更好的效果，而且能突出重点，增加演示文稿的趣味性。

1. 添加动画效果

在 PowerPoint 2010 中，当用户需要创建动画时，设置动画效果的步骤如下：

单击【动画】选项卡下的【动画窗格】按钮，选择需要设置动画的对象，单击【动画】选项卡下的【添加动画】按钮，选择需要的动画效果完成设置，如图 1.5.21 所示。

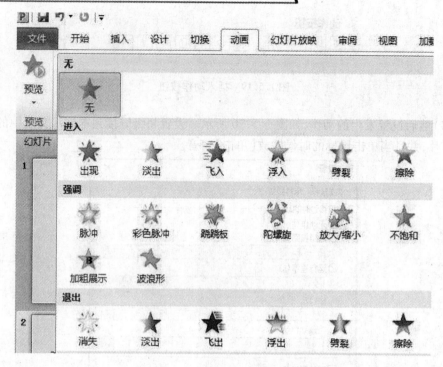

图 1.5.21　添加动画效果

2.动画效果的选择

演示文稿在创建动画时,可以进行灵活的自定义设置。自定义动画包括进入、强调、退出、动作路径四大类效果,如图 1.5.22 所示。

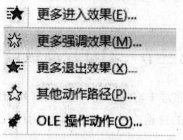

图 1.5.22　动画效果类型

3.动画顺序的选择

在【自定义动画】窗格中可以对所有的动画操作进行排序。用户可以在动画列表中单击右侧的箭头,在列出的选项中选择任意一项对演示文稿的每个动画操作进行排序,如图 1.5.23 所示。如果要更改动画播放顺序,可以在动画列表中按住鼠标不放,上下拖动即可更改动画顺序。

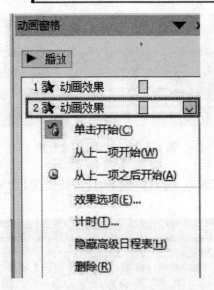

图 1.5.23　动画顺序设置

4.动画持续时间的设置

动画设置完成后在播放时会持续一定的时间,用户可以通过对动画速度进行更改来达到特定的播放效果。设置动画持续时间的方法是:选中对象,单击【动画】面板,在【计时】组中设置【持续时间】,如图 1.5.24 所示。

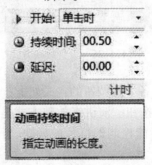

图 1.5.24　动画持续时间设置

二、设置放映方式

制作演示文稿时,可以根据放映者和放映场合的不同,设置演示文稿的放映类型、放映选项等。

1.放映类型设置

(1)打开一个演示文稿,切换至【幻灯片放映】面板,单击【设置】选项板中的【设置幻灯片放映】按钮,如下图 1.5.25 所示。

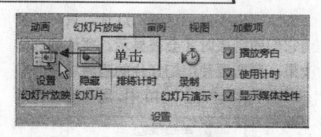

图 1.5.25　设置幻灯片放映

（2）在弹出的【设置放映方式】对话框中的【放映类型】选项区中，可以看到三种放映方式，如图 1.5.26 所示。

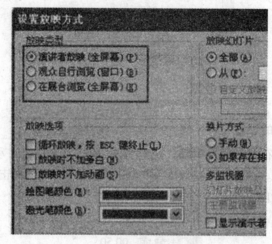

图 1.5.26　设置放映方式

（3）【放映类型】选项区中，各单选按钮的含义如下：

①【演讲者放映方式】单选按钮。演讲者放映方式是最常用的放映方式。在放映过程中以全屏显示幻灯片，演讲者能控制幻灯片的放映、暂停，添加会议细节，还可以录制旁白。

②【观众自行浏览】单选按钮。可以在标准窗口中放映幻灯片。在放映幻灯片时，可以通过拖动右侧的滚动条或滚动鼠标上的滚轮来实现幻灯片的放映。

③【在展台浏览】单选按钮。在展台浏览是 3 种放映类型中最简单的方式，这种方式将自动全屏放映幻灯片，并且循环放映演示文稿。在放映过程中，除了通过超链接或动作按钮来进行切换以外，其他的功能都不能使用，如果要停止放映，只能按【Esc】键来终止。

2. 放映次序设置

幻灯片放映次序分为从当前幻灯片开始放映和从头开始放映两种。具体设置时可进行如下操作：进入【幻灯片放映】功能区，选择功能区左侧第一个功能选项【从头开始放映】或按【F5】键将从第一张幻灯片开始放映;选择功能区第二个功能选项【从当前幻灯片开始放映】则会从选中的当前这一张幻灯片开始放映,在放映时可根据不同的情况进行选择。

三、设置切换效果

幻灯片的切换效果指的是相邻的两张幻灯片如何衔接的效果。在制作演示文稿时可以使用动画过度,也可以在设置切换过程中加入不同的声音效果,以增加演示文稿的趣味性。

1.添加切换效果

如果要将整篇演示文稿的幻灯片切换效果设置成完全相同的形式,则选定所有幻灯片;如果想区别开来,则可以分别对每张幻灯片进行不同的设置。

在【切换】选项卡的【切换到此幻灯片】功能区中列出了若干种幻灯片切换的样式,可以直接进行选择。如图1.5.27所示。

图1.5.27 幻灯片切换样式

如图1.5.27选择【分割】的方式,单击【切换】选项卡的【效果选项】,在弹出的下拉列表中选择图1.5.28中的某一种方式进行切换。

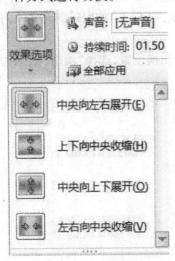

图1.5.28 切换效果

81

2. 设置切换声音和速度

在【切换】选项卡中，单击【声音】旁边的箭头，有两种操作可供选择：其一是添加列表中已经存在的声音，可直接选择该种声音；其二是选择【其他声音】，在系统中找到要添加的声音文件，然后单击【确定】按钮。设置完成后，在工作区会自动演示切换效果，可根据需要再进行调整。

如果要调整幻灯片切换的速度，可以在【切换】选项卡的【计时】功能区中，设置【持续时间】。

习　　题

演示文稿制作综合习题

依据诗人杜甫的《佳人》制作"古诗词欣赏"演示文稿。具体要求如下：

（1）第 1 张幻灯片设置为标题幻灯片，要求根据诗词内容和情境插入一幅图片，调整图片的大小使其适应幻灯片的大小。

（2）第 2 张幻灯片的版式设置为"标题和内容"，介绍诗词作者杜甫的背景并插入一幅作者介绍的相关图片。图片位置位于幻灯片的右下部，设置图片样式为"柔化边缘椭圆"。

（3）第 3 张幻灯片的版式设置为"标题和内容"，介绍《佳人》这首诗的"创作背景"。

（4）第 4~9 张幻灯片的版式设置为"仅标题"，标题内容为"诗歌朗诵"，各张幻灯片插入与诗歌背景和内容吻合的图片。

（5）第 10 张幻灯片的版式设置为"标题和内容"，标题"诗词赏析"，在内容中对诗词进行赏析介绍。

（6）对幻灯片母版进行设置。要求选择主母板的背景样式为系统默认的"样式5"。

（7）在 4~9 张幻灯片中插入《佳人》的配乐朗诵文件，要求幻灯片放映时隐藏声音图标。

（8）对第 5 张幻灯片进行切换设置，选择"淡出"效果，并且开始于"上一动画之后"，持续时间"2.5"。

第六章

Chapter 6

网络办公

第一节　浏览、收藏网页

一、认识 Internet Explorer

"浏览器"是用于查看 Web 页的应用程序。目前广泛使用的是 Microsoft 公司的 Internet Explorer(简称为 IE)。在 Windows XP 中捆绑的是 Microsoft Internet Explorer 6.0(简称 IE 6.0)。

1. 启动 Internet Explorer 6.0

采用下面任意方法均可启动 Internet Explorer 6.0。

(1)单击【开始】→【程序】→【Internet Explorer】命令。

(2)在桌面上双击【Internet】图标。

(3)在任务栏的快速启动区单击【Internet】图标。

2. Internet Explorer 6.0 窗口

Internet Explorer 6.0 窗口界面如图 1.6.1 所示。

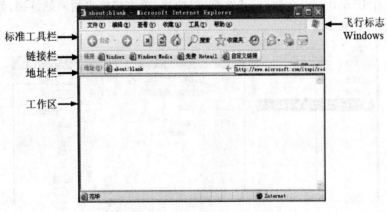

图 1.6.1　Internet Explorer 6.0 窗口

二、浏览 Web 页

1. 打开网页

连接到 Internet 后,在 IE 6.0 的地址栏中输入要访问网站的网址,就可以进行信息浏览了。

在打开的网页中单击超链接(即鼠标指向该对象后指针会变成手形,可以是文字、图片等)就可以继续浏览该链接指向的网页。

现在很多网站都使用了实名制,即可以通过输入其网站的中文名称转到该网站。当用户记不住某个网站的具体地址时就可以使用这个功能,在地址栏中输入其中文名称转到该网站,例如访问新浪网,既可以按刚才的步骤输入其网址打开,又可以在地址栏中输入"新浪",单击【转到】按钮进入新浪网主页。

2. 保存网页

当需要保存 Web 上的网页时,可以单击【文件】→【另存为】命令,打开【另存为】对话框,在对话框中的"文件名"文本框中输入网页的名称,在保存类型列表框中选择保存文件的文件格式,单击【保存】按钮,即可将网页保存。

3. 设置主页

每次启动 IE 6.0 后,都会打开一个默认的网页,如果没有做任何设置,则打开的就是微软公司的 MSN 中文首页。用户可以更改此设置,将自己经常访问的网页设置为主页,这样,当再次启动 IE 后就可以直接打开此网页;或者在浏览网页时,随时单击【主页】按钮,就可以返回到主页。

4. 使用收藏夹

使用 IE 6.0 的主页功能可以将经常访问的一个网页设置为主页,从而达到快速访问的目的。如果经常访问的网站有很多个,还可以使用 IE 6.0 的收藏夹功能。将这些网站收藏起来,就不必每次都在地址栏中输入这些网址,只需单击【标准按钮】工具栏中的【收藏夹】按钮,在 IE 6.0 窗口左侧显示【收藏夹】窗格,单击窗格中的网站链接,就可以转到相应网页,如图 1.6.2 所示。

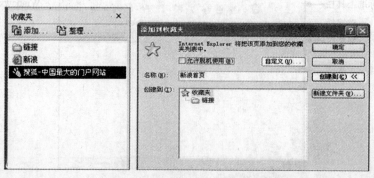

图 1.6.2 收藏夹按钮和添加到收藏夹

第二节　网络资源搜索

Internet 上的信息资源十分丰富,学会在网上搜索与浏览所需信息和资源是很有益的。

在 Internet 上查找信息的方法有很多,较为快捷方便的是利用搜索工具搜索(Searching)、资源指南和综合性网站引导。

国内的搜索站点和著名网站有:http://www.yahoo.com.cn、http://www.sohu.com、http://www.baidu.com、http://www.263.net、http://www.163.net、http://www.pku.edu.cn、http://www.tsinghua.edu.cn、http://www.google.com 等等。

Internet 上除了有丰富的网页供用户浏览外,还有大量的程序、文字、图片、音乐、影视片断等不同展现形式和不同格式的文件供用户索取。

那么我们应该如何将需要的文件从 Internet 上"摘"下来呢？首先可以通过搜索引擎搜索我们需要的资料,然后选择合适的下载链接地址并使用鼠标右键在弹出的快捷菜单中选择【目标另存为(A)…】,更改保存路径,点击【保存】按钮即可完成资料的下载,如图 1.6.3 所示。

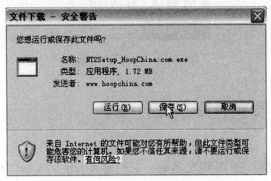

图 1.6.3　资料的保存

第三节　收发和管理电子邮件

电子邮件也称 E-mail,是通过网络上的电子邮箱系统来收发的电子信件。随着 Internet 的发展,电子邮件正在迅速地在世界范围内普及,给我们的工作和生活带来许多便利。

本节通过"申请网易邮箱并发送邮件"的实例来演示如何收发和管理电子邮件。

一、申请

(1)在 IE 浏览器的地址栏输入 http://www.163.com/,按回车键,打开 163 免费邮箱首页。

（2）在 163 免费邮箱首页单击【注册】按钮，进入 163 免费邮箱注册页面。按要求填写注册内容，包括邮件地址、密码和验证码，完成后单击【立即注册】。尽量选择有一定规律且容易记忆的字符作为用户名，例如姓名的拼音，或者出生日期等；设定密码时既要考虑方便记忆，又要考虑让别人难以猜到，这样才能更好地保障邮箱的安全，如图 1.6.4 所示。

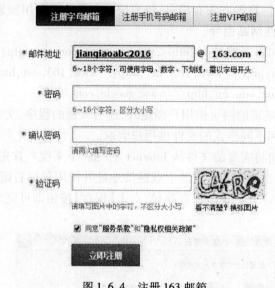

图 1.6.4　注册 163 邮箱

二、使用 163 免费邮箱

1. 登录邮箱

重新打开 IE 浏览器，在 IE 浏览器的地址栏输入 http://www.163.com/，按回车键打开 163 免费邮箱首页，在用户名中输入"jianqiaoabc2016"和设置的密码，单击【登录】按钮，进入个人邮箱，如图 1.6.5 所示。

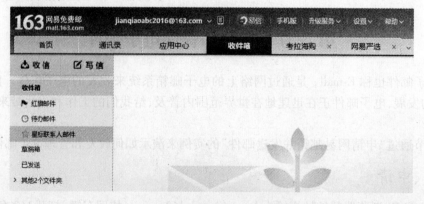

图 1.6.5　登录 163 免费邮箱

2. 查看邮件

单击【收件箱】,进入收件箱页面。单击需要阅读的电子邮件链接,在新页面中打开该电子邮件。如果邮件中有附件,单击【保存】将附件内容保存到本地磁盘中,然后再打开查看。

3. 发送邮件

(1)在个人邮箱中单击【写信】,打开写信网页,在收件人一栏完整填写收件人的邮箱地址(不能只填写对方的用户名)。收件人如果有多个时,中间用",",隔开,或者单击右边【通讯录】中的联系人,选中的联系人地址将会自动填写在"收件人"栏中。

(2)在议题栏中填写主题,如"新春快乐"。

(3)在正文窗口填写信件内容,如"祝老师新春快乐,万事如意",在内容中还可以插入祝福图片或使用精美的信纸以达到更好的视觉效果。如图 1.6.6 所示。

图 1.6.6 写邮件

(4)单击【添加附件】。选择需要作为附件发送的文件并打开,添加附件完成如图1.6.7所示。如果要添加多个附件,可重复操作【添加附件】;对于较大的附件可以用压缩工具压缩后再上传。添加完成后,主题下方会显示出已经添加的附件。

(5)写完信后单击【发送】。

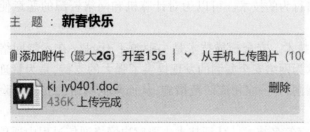

图 1.6.7 添加附件

4. 管理邮件

登录个人邮箱,单击【收件箱】,选中需要删除的邮件,单击【删除】按钮,该邮件就被移到【已删除】文件夹中。打开【已删除】文件夹,可以看到刚刚删除的邮件。如果在【已删除】文件夹中再删除邮件,会弹出系统提示框,如果确认删除,这些邮件将无法恢复。

第四节 网络安全防范

网络安全是指为保护网络不受任何损害而采取的所有综合措施,是信息系统安全的重要组成部分。网络安全问题已经从一个单纯的技术问题上升到关乎社会经济乃至国家安全的战略问题高度上来,同时也深刻地影响到人们的工作和生活。

一、网络安全技术

网络安全技术指致力于解决诸如如何有效进行介入控制以及如何保证数据传输的安全性的技术手段,主要包括物理安全分析技术、网络结构安全分析技术、系统安全分析技术、管理安全分析技术及其他的安全服务和安全机制策略。网络安全技术分为:虚拟网技术、防火墙技术、病毒防护技术、入侵检测技术、安全扫描技术、认证和数字签名技术等。

(1)虚拟网技术。虚拟网技术主要基于局域网交换技术(ATM 和以太网交换)。交换技术将传统的基于广播的局域网技术发展为面向连接的技术。通过虚拟网设置的访问控制,使在虚拟网外的网络节点不能直接访问虚拟网内节点。

(2)网络防火墙技术。网络防火墙技术是一种用来加强网络之间访问控制,防止外部网络用户以非法手段通过外部网络进入内部网络、访问内部网络资源,保护内部网络操作环境的特殊网络互联设备。它对两个或多个网络之间传输的数据包,如链接方式,按照一定的安全策略来实施检查,以决定网络之间的通信是否被允许,并监视网络运行状态。虽然防火墙是保护网络免遭黑客袭击的有效手段,但也有明显的不足之处:无法防范通过防火墙以外的其他途径的攻击、不能防止来自内部变节者和不经心的用户们带来的威胁、不能完全防止传送已感染病毒的软件或文件,以及无法防范数据驱动型的攻击。

(3)入侵检测技术。入侵检测技术是新型网络安全技术,是一种用于检测计算机网络中违反安全策略行为的技术。可以为对计算机和网络资源的恶意使用行为进行识别和相应的处理。

(4)安全扫描技术。安全扫描技术是一种源于 Hacker 在入侵网络系统时采用的工具。安全扫描技术为网络安全漏洞的发现提供了强大的支持,是为管理员能及时了解网络中存在的安全漏洞,并采取相应防范措施,从而降低网络的安全风险而发展起来的一种安全技术。

(5)认证和数字签名技术。认证技术主要解决网络通信过程中通信双方的身份认可问题;数字签名则是身份认证技术中的一种具体技术。此外,数字签名还可用于通信过程中的不可抵赖要求的实现。

二、计算机病毒

计算机病毒(Computer Virus)是一种编制者在计算机程序中插入的,破坏计算机功能或者破坏数据,影响计算机使用并且能够自我复制的一组计算机指令或者程序代码。计算机病毒不是天然存在的,是某些人利用计算机软件和硬件所固有的脆弱性编制的一组指令集或程序代码。它能通过某种途径潜伏在计算机的存储介质(或程序)里,当达到某种条件时被激活。它可以通过修改其他程序的方法将自己的精确拷贝或者可能演化的形式放入到其他程序中,从而感染其他程序,对计算机资源进行破坏。它的存在对计算机系统甚至计算机的硬件部分都有很大危害。

发现计算机感染病毒后,一定要及时清除,以免造成损失。通常情况下,使用杀毒软件清除计算机病毒,操作比较简单。但并不是所有的病毒都能被杀毒软件清除,由于计算机病毒不断变化,因此需要不断地将杀毒软件进行升级、更新,这样才能对新病毒予以有效清除。目前应用较为普遍的杀毒软件有:360杀毒软件、瑞星杀毒软件、金山毒霸杀毒软件、卡巴斯基杀毒软件等。

三、防火墙及其使用

防火墙就是一个位于计算机和它所连接的网络之间的软件或硬件,该计算机输入输出的所有网络通信均要经过防火墙。

1.防火墙的功能

防火墙能够对流经它的网络通信进行扫描,这样能够过滤掉一些攻击,以免其在目标计算机上被执行。此外,防火墙还可以关闭不使用的端口,禁止特定端口的流出通信,封锁特洛伊木马。最后,它还可以禁止来自特殊站点的访问,从而防止来自不明入侵者的所有通信。

防火墙具有很好的保护作用,入侵者必须首先穿越防火墙的安全防线才能接触到目标计算机。用户可以将防火墙配置成许多不同保护级别,高级别的保护可能会禁止一些服务,如视频流等。

2.防火墙的类型

通过以防火墙为中心的安全方案配置,能将所有安全软件(如口令、加密、身份认证、审计等)配置在防火墙上。与将网络安全问题分散到各个主机上相比,防火墙的集中安全管理更经济。例如,在网络访问时,一次一密口令系统和其他的身份认证系统完全可以不必分散在各个主机上,而是集中在防火墙身上。

防火墙可以是硬件自身的一部分,你可以将因特网连接和计算机都插入其中;防火墙也可以在一个独立的机器上运行,该机器作为它背后网络中所有计算机的代理和防火墙。此外,直接连在因特网上的机器可以使用个人防火墙。

习 题

（1）浏览"央视新闻"网站，并收藏。

（2）选择一个提供邮箱服务的网站，注册一个免费电子邮箱，并发一个邮件给同学，向同学说出你的心里话（感谢、建议、祝福等）。要求在邮件中添加附件，通过附件发一张图片或制作一份 Word 文档（里面写上给同学的祝福语），也可以发一首歌或视频给同学。

（3）简述计算机网络安全技术包括的内容。

（4）简述网络防火墙的定义和功能。

下　篇

实　践　篇

下篇

实知篇

实验一

系统使用向导及用户个性设置

一、系统设置及用户登录

您公司内的系统管理员会通知您,访问什么网络地址可以进入协同办公软件,具体操作方法如下。

1. 系统设置

(1)打开一个 IE(Internet Explorer)窗口。

一般情况下,Windows 操作系统平台中,在电脑显示器屏幕左下角会设有一个 IE 链接按钮,如图 2.1.1 所示。箭头所指图标,就是 IE 图标,单击图标就可以打开一个 IE 窗口。

图 2.1.1

(2)Internet 选项设置。

①在 IE 菜单栏点击【工具】→【Internet 选项】,如图 2.1.2 所示。

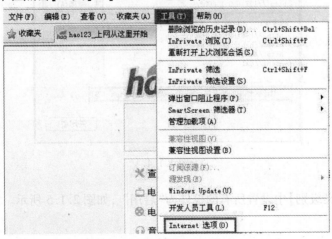

图 2.1.2

93

②点击【安全】→【可信站点】→【站点】,如图 2.1.3 所示。

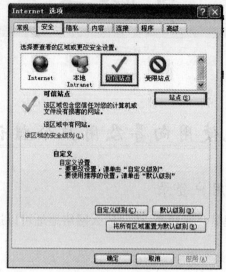

图 2.1.3

③在"将该网站添加到区域"下方的地址栏中输入想要登录的网址后,单击【添加】→【关闭】(添加前将"对该区域中的所有站点要求服务器验证"前的勾选去掉),如图 2.1.4 所示。

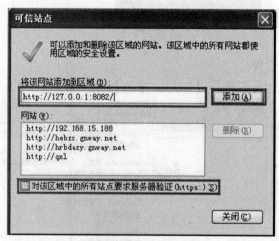

图 2.1.4

④在【自定义级别】中设置所有的控件为"启用",如图 2.1.5 所示。

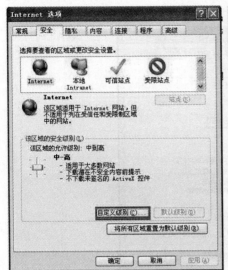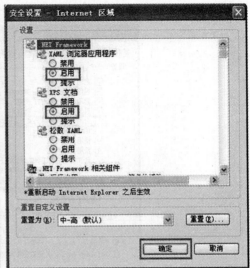

图 2.1.5

⑤点击【隐私】→【设置】,同样将想要登录的网址进行添加,如图 2.1.6 所示。

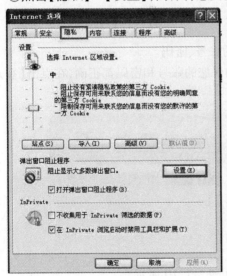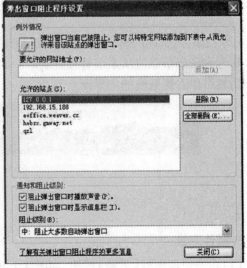

图 2.1.6

⑥点击【高级】将"启用内存帮助减少联机攻击"前的勾选去掉,单击【确定】,如图 2.1.7 所示。

2.用户登录

(1)在地址栏中输入系统的网络地址。

系统访问地址请向公司系统管理员索取。如果上述输入没有问题,此时就会出现如

95

图 2.1.8 所示的登录界面。

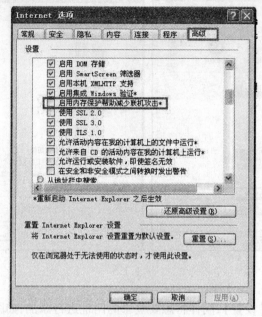

图 2.1.7

（2）在账号、密码的输入框中分别填写您的账号、密码。

账号和密码信息应从系统管理处获取。如果您的账号和密码都正确,在点击【登录】按钮后就可以看到系统的主界面。

图 2.1.8

3. 插件下载

（1）点击快捷图标【下载】按钮,如图 2.1.9 和 2.1.10 所示。

图 2.1.9

下载			
文件名	说明	大小	操作
eoffice插件安装文件.rar	主要用于上传附件以及附件在线阅读。（可重复安装）	615.13KB	[下载]
flashplayer.rar	当批量选择上传附件FlashPlayer版本不正确时下载安装。	2267.39KB	[下载]
OA精灵客户端.rar	【OA精灵客户端】：下载到本地解压，置于任何目录。双击ispirit.exe，右下角右击该插件的图标，进入【软件设置】配置，然后可以正常登录。	506.51KB	[下载]

图 2.1.10

注：①"eoffice 插件安装文件"安装完即可删除，如未安装将无法在系统中直接打开 office 文档；

②安装"flashplayer"是为了保证系统正常运行，也可以不安装；

③"OA 精灵客户端"是一个快捷登陆的客户端，下载解压后需进行配置。

（2）配置 OA 精灵客户端。

（3）安装完 OA 精灵客户端后，在显示器屏幕右下角会出现个小 A 的图标，右键该图标→【软件设置】，如图 2.1.11 所示。

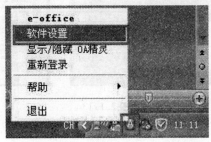

图 2.1.11

（4）在"OA 服务器网址"中填入 OA 网址，勾选"允许自动登录"并填写用户名及密码，点击【保存】，如图 2.1.12 所示。

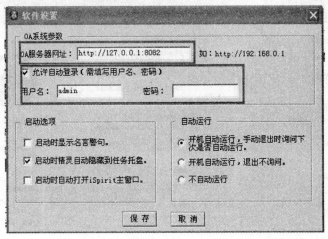

图 2.1.12

（5）设置完后在 OA 精灵图标上右键→【重新登录】，单击 OA 精灵图标即可进入，如图 2.1.13 所示。

图 2.1.13

二、主界面区域说明

主界面功能区域分布，如图 2.1.14 所示。

图 2.1.14

（1）主界面中按照功能区域主要分为 5 个部分。

①Logo 区。

此区域是公司 logo 标志区，一般由系统管理员在界面设置中添加。

②菜单栏。

此区域是用户日常工作使用的主要区域，用户使用系统时所有的功能都在这里。

③快捷菜单栏。

此区域是用户日常工作中常用功能的主要区域，是从菜单栏中选取的常用菜单。

④工具栏。

常用工具区，用于放置系统中常用功能快捷按钮的主要区域，使用户能更加方便地使用系统。

⑤信息显示区。

信息显示区占据电脑显示器屏幕中间最大的区域，是系统显示系统数据和进行信息输入的区域。

注：logo、快捷菜单栏、工具栏区域属于 TOP 区。

在系统中，所有操作界面都符合这个区域分布规律，本书主要讲解各区域中与用户使用系统相关的功能。下面将详细描述系统功能模块的使用。

（2）工具栏。

工具栏是用于放置系统中常用功能的功能按钮的区域，点击不同的功能按钮可以进入到相应的功能操作页面。

①工具栏图示，如图 2.1.15 和 2.1.16 所示。

图 2.1.15

图 2.1.16

②工具速查表，见表 2.1.1。

表 2.1.1　工具速查表

序号	功能按钮	功能说明
	快速搜索	设定快速搜索数据来源和关键字，可以搜索系统各模块的数据
	快速搜索确定	设置快速搜索条件后点此按钮开始搜索

续表 2.1.1

序号	功能按钮	功能说明
	收藏夹	点击收藏夹下拉菜单,可以显示已经添加到收藏夹的页面名称
	主页	打开首页
	后退	进入访问过的前一页
	前进	进入访问过的后一页
	刷新	刷新当前页面。注意:只刷新信息显示区
	新闻	打开新闻版块,阅读新闻
	公告	打开公告版块,阅读公告
	个性设置	打开个性设置页面,可以设置自己的菜单栏、快捷菜单栏、自定义用户组、程序快捷运行键、个人密码、个人资料、其他设置
	日程	打开我的日程页面
	内部短信	打开内部及时交流窗口,与在线同事及时同步交流
	内部邮件	打开内部邮件收件箱页面
	泛微客服	打开即时交流窗口,与泛微客服人员即时交流
	帮助	打开在线帮助手册
	退出	退出系统
	:添加到收藏夹	将当前页面添加到系统收藏夹(首先进入需要添加到收藏夹的页面,然后点击此按钮)
	显示/隐藏菜单栏	隐藏或显示左边的菜单栏
	显示/隐藏 TOP 区	隐藏或显示顶部的 TOP 区
	帮助	打开当前页面的帮助手册

（3）菜单栏。

菜单栏功能,如图 2.1.17 所示。

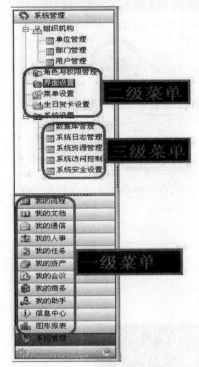

系统界面左侧部分是菜单栏,如图2.1.17所示:

操作要点:

◆　点击一级菜单,显示一级菜单下的二、三级菜单

◆　当二级菜单下没有三级菜单时,点击二级菜单,信息区
页面进入该菜单项功能操作页面

◆　如果二级菜单有三级菜单,则打开三级菜单

◆　点击三级菜单,信息区页面进入该菜单项功能操作页面

图 2.1.17

三、个性设置

新用户第一次登录系统,建议首先进入【个性设置】页面设置自己的个性数据。该功能下设置的所有信息完全属于私人信息,其他人没有权限查看或者维护。如图 2.1.18 所示,点击红色标记处的按钮,就可以打开个性设置页面。

操作:点击【个性设置】按钮,打开设置页面,如图 2.1.19 所示。

1. 自定义菜单

自定义菜单中,默认显示管理员赋予用户有权限操作的所有菜单。点击【添加】按钮可以添加自己的菜单,对于暂不需要的菜单,点击【隐藏】按钮,可将菜单隐藏,左边菜单栏中将不显示它。当需要清除自己创建的菜单时,点击【恢复默认】按钮,将还原到管理员赋予的默认菜单,如图 2.1.20 所示。

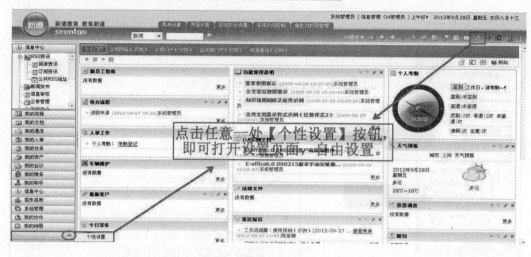

图 2.1.18

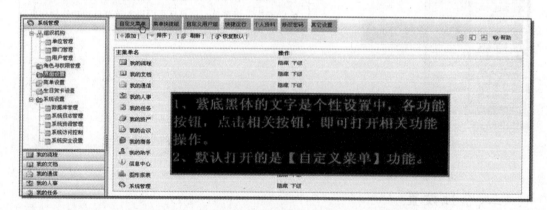

图 2.1.19

图 2.1.20

（1）点击【添加】按钮,创建一级菜单,如果没有下级菜单,该菜单旁显示红色"!",如图2.1.21所示。

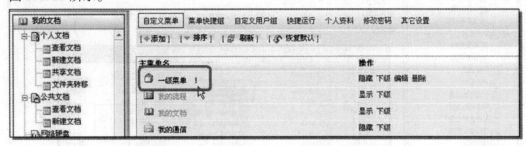

图 2.1.21

（2）点击一级菜单的【下级】按钮打开页面,然后点击【添加子菜单】按钮,添加子菜单,链接类型默认选中"网址", 如图2.1.22所示。输入网址和菜单名后提交,此地址被创建为菜单,可以在左边菜单显示。

技巧:如果没有输入子菜单名,在链接路径输入相关信息后,系统会自动为其创建子菜单名。

图 2.1.22

①链接类型选中"启动程序",链接路径选择Windows系统中安装的启动程序后提交,则此程序作为系统菜单被添加到左边菜单中。程序路径:C:\Program Files\360 safe\360 safeup. exe,如图2.1.23所示。

②链接类型选中"流程名称",打开工作流名称窗口,选中任意工作流,该工作流将作为菜单添加到左边菜单栏中,如图2.1.24所示。

③链接类型选中"文档目录",打开个人文件柜创建的个人文件夹窗口,选中任意文件夹,作为新的菜单添加到左边菜单栏中,如图2.1.25所示。

④链接类型选中"系统菜单",打开系统菜单窗口,选中任意子菜单,作为新的菜单添加到左边菜单栏中,如图2.1.26所示。

图 2.1.23

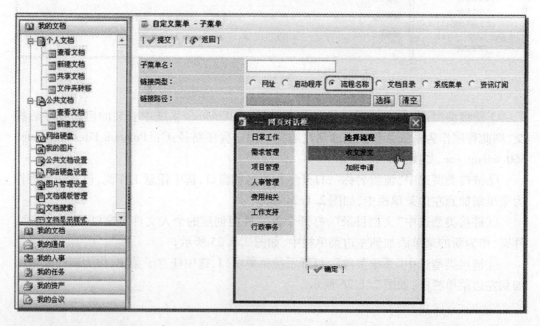

图 2.1.24

图 2.1.25

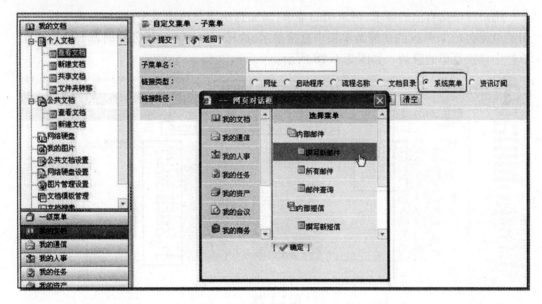

图 2.1.26

⑤链接类型选中"资讯订阅",打开"咨讯订阅"的公共 rss 地址窗口,选中任意 rss 地址,作为菜单添加到左边菜单栏中,如图 2.1.27 所示。

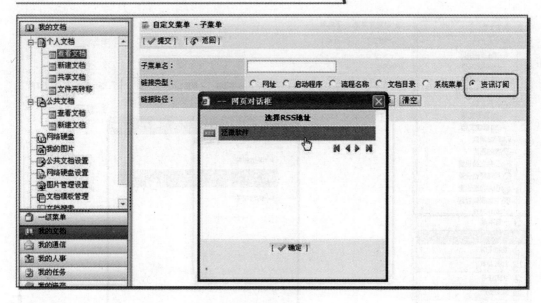

图 2.1.27

2. 菜单快捷组

用户可根据自己的需求,将常用的菜单,添加到快捷菜单项目中,添加完成后这些常用菜单就会在 TOP 区的快捷菜单栏中直接显示,这样可以避免每次使用时都要到左边菜单栏中寻找菜单的麻烦。如图 2.1.28 所示。

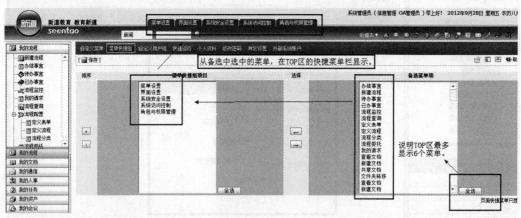

图 2.1.28

注:"菜单快捷项目"中不管有多少个菜单,TOP 区最多显示 6 个菜单。

3. 自定义用户组

不同部门、不同职位的人员可因共同参与一个项目等事务,组合为一个小组。由于单独为不同部门不同职位的人员发邮件或者工作流程等事务时,选择这些人就显得烦琐,而"自定义用户组"正好解决了此问题,它可以将任何部门、任何岗位的任意人员组合为一组,那么在人力资源选择框,就可以按照定义的组选择人员,避免了每次查询的烦琐问题。如图 2.1.29 所示。在创建了用户组"开发项目组",发送邮件时在人力资源选择框中就可以直接选择该组的全部人员,如图 2.1.30 所示。

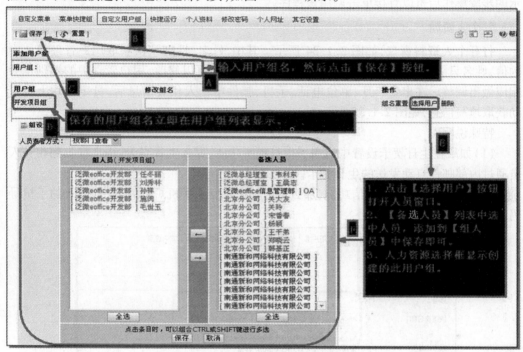

图 2.1.29

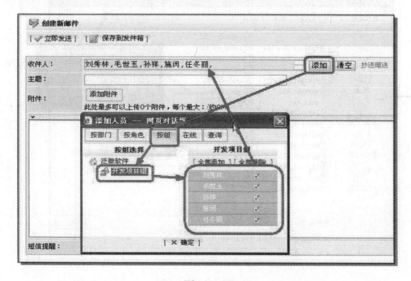

图 2.1.30

4. 快捷运行

为本地的运行程序创建快捷运行键,点击快捷运行键,可直接打开相关程序。如图 2.1.31 所示,在添加了 Windows Media Player 程序后,按图 2.1.32 和图 2.1.33 中箭头指示的步骤操作后可以直接单击调用该程序。

5. 个人资料

打开个人资料窗口,如图 2.1.34 所示。其中,姓名、性别默认获取用户管理模块中的值,姓名只能查看不能编辑,如果性别与自己不符合可以修改,用户管理中的性别也会相应做出调整。在出生年月、单位电话、手机、邮件中输入相关信息后,员工卡片上将自动获取填写信息,如图 2.1.35 所示。

特殊说明:

(1)如果在生日贺卡设置中启用了生日提醒功能,那么生日当天,用户将收到相关人员通过内部邮件自动发送的生日贺卡。

(2)如果购买了手机短信功能,那么当为其用户发送手机短信时,此处输入的手机号码,将收到短信。

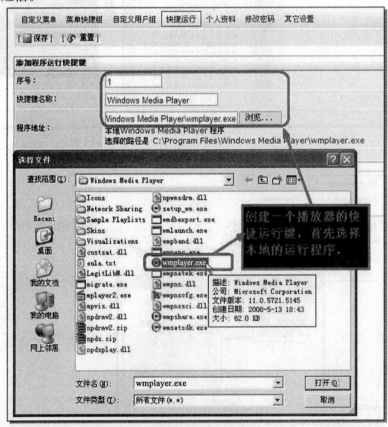

图 2.1.31

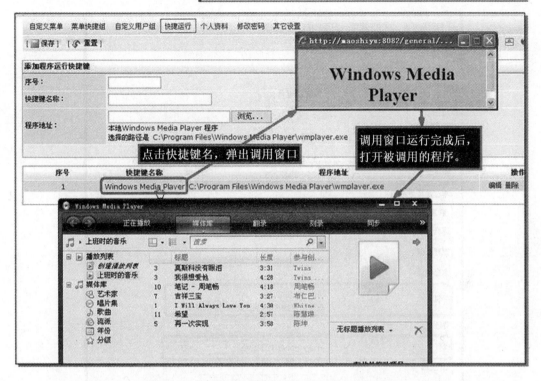

图 2.1.32

图 2.1.33

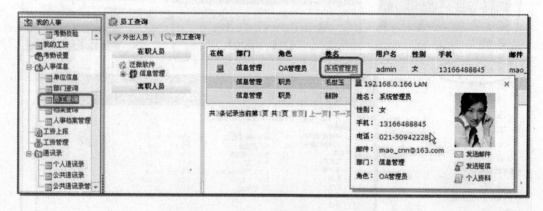

图 2.1.34

图 2.1.35

6. 修改密码

每一位新增加的用户都有一个初始默认密码,建议在第一次登录系统时,将这一密码进行修改,以确保个人信息的安全性。如果安全设置中没有启用密码有效期,那么此

110

处修改的密码将永远有效;但是当用户启用了有效期后,密码过期后这里设置的密码将失效。登录系统时,系统会弹出密码修改页面,强制要求修改密码,如图2.1.36所示。

图2.1.36

7. 其他设置

设置内容包括讨论区签名档、界面皮肤、系统短信提醒是否弹出窗口及系统短信提示音等功能,如图2.1.37所示。

(1)昵称、讨论区签名档:在【信息中心】→【论坛中心】中发表或者回复讨论时使用。

(2)左侧菜单是否自动隐藏:如图2.1.37中箭头所指的左边菜单,选择"是"后,则重新登录系统后,默认不显示左侧菜单。

(3)系统短信提醒是否弹出窗口:如果选择"是",则接收的内部短信(包括工作流、公告等模块发出的所有内部短信)将弹出窗口显示短信内容。

(4)系统短信提示音:如果选择相关语音,则接收到内部短信时(包括工作流、公告等模块发出的所有内部短信),将会有语音提示有新的短信。

(5)界面皮肤:为自己的界面选择相关皮肤。

8. 外部系统账号

设置用户在其他系统内的常规使用账号与密码,以便于之后可以统一以eoffice系统为入口。设置完成后不需要重复输入账号密码就可轻松登录至其他系统。如图2.1.38所示。

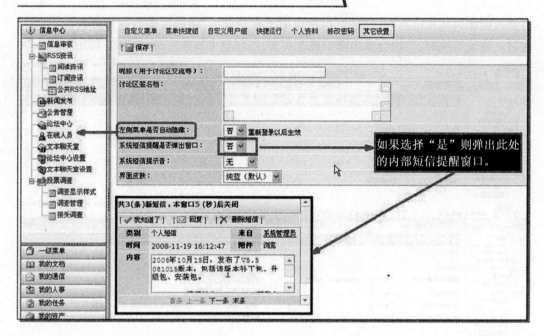

图 2.1.37

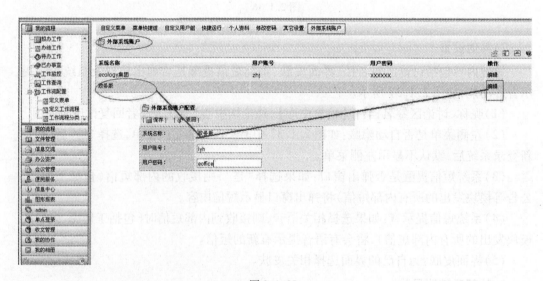

图 2.1.38

练　习

1. 按照说明登录系统、下载并安装插件。
2. 配置 OA 精灵,使其能正常登录。
3. 修改个性设置。

实验二

系统管理（管理员）

一、单位管理

点击默认菜单【系统管理】→【组织机构】→【单位管理】打开单位管理功能页面,如图2.2.1所示。此页面具有管理公司或者单位的档案信息的功能,主要记录公司(单位)名、网址、电子邮箱、开户行、账号等信息。用户在人事的单位信息中,可以看到关于此处记录的所有信息。同时,人力资源组织树的公司或者单位名可以获取此处记录的公司名称。

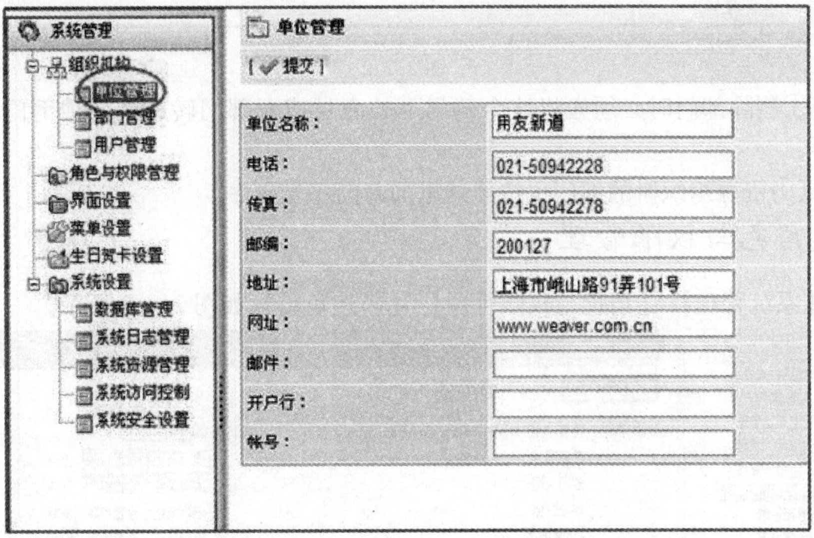

图 2.2.1

二、部门管理

点击默认菜单【系统管理】→【组织机构】→【部门管理】打开部门管理功能页面,如图2.2.2所示。此页面主要管理企业组织结构的基本单位——部门或者单位。在部门查询页面点击【新建部门/单位】按钮,可以创建一级或者多级部门/成员单位;在部门编辑页面,可以选择上级部门/成员单位,也可以为其创建下级部门/成员单位或者上级部门/成员单位。

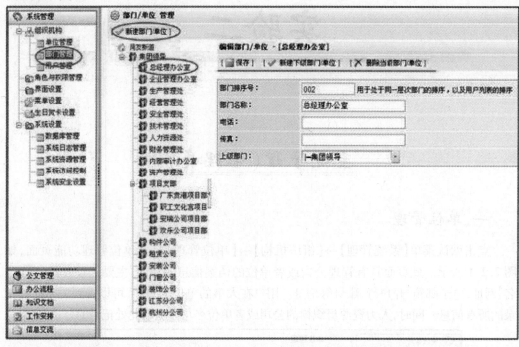

图 2.2.2

注:①删除部门时必须先将这个部门下的人员或者部门转移到其他部门,再执行删除;

②人力资源组织树的部门也按照这里的部门序号排序。

三、角色与权限管理

(1)【系统管理】→【角色与权限管理】→【新建角色】,如图 2.2.3 所示。

图 2.2.3

114

（2）【系统管理】→【角色与权限管理】→【新建角色】→【权限设置】，如图 2.2.4 所示。

图 2.2.4

四、用户管理

用于统一管理需要使用系统的公司人员，包括管理其对应账号密码等。

（1）【添加用户】管理系统中人员的账号，包括账号的登录用户名、真实姓名、密码、部门、角色、是否启用动态密码登录、管理范围等，如图 2.2.5 所示。

（2）【管理用户】编辑账号信息，允许修改登录用户名、真实姓名等信息，但是不允许修改密码，如图 2.2.6 所示。

每个用户都可在自己的【个性设置】→【修改密码】中修改自己的密码，当用户忘记自己的密码时，系统管理员在用户列表上通过【Admin 清空密码】按钮，将初始化用户密码设置为空即可。当有人员离职时，系统管理员可直接编辑该人员账号的部门，选择【离职】；反之也是编辑人员账号，赋予其登录用户名和部门即可。

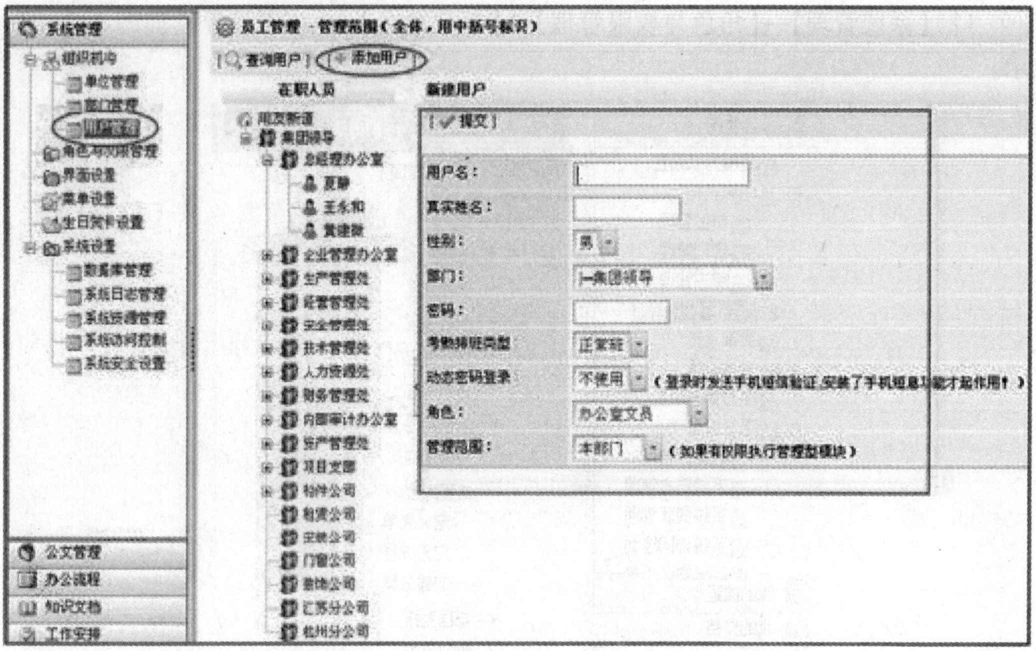

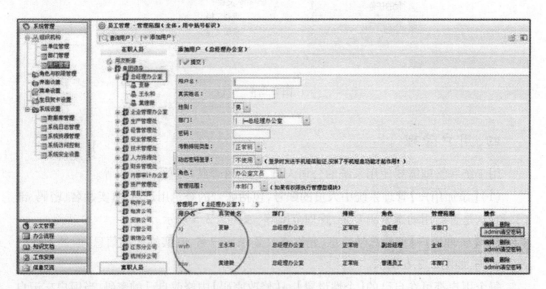

图 2.2.5

图 2.2.6

注:①创建人员账户前,请先创建角色和考勤排班类型;

②离职并删除的用户,不再占用 license 用户数;

③购买了手机短信功能后,用户启用动态密码功能才能生效,即:在用户输入用户名和密码登录时,系统会自动生成动态密码并发送到用户的手机中,用户可根据手机获取

的动态密码登录系统;

④人员账户的权限是通过其角色和管理范围被赋予的,如一个总经理的角色,他具有工资上报权限,但管理范围是本部门,那么该总经理角色的人员在上报工资时,只能给本部门人员上报工资;

⑤考勤排班类型是人员上下班排班表,在【我的人事】→【上下班登记】功能中打卡时,根据此处获取的人员上下班排班表打卡记录,可以确定人员是否早退或者迟到;

⑥系统默认赋予的 OA 系统管理员是超级管理员,具有特殊的功能,如可以清空用户密码、删除工作流等。

(3)点击【系统管理】→【提醒方式设置】可进行提醒方式设置,如图 2.2.7 所示。

图 2.2.7

(4)点击【系统管理】→【界面设置】→【登录页面设置】→【编辑】,如图 2.2.8 所示。

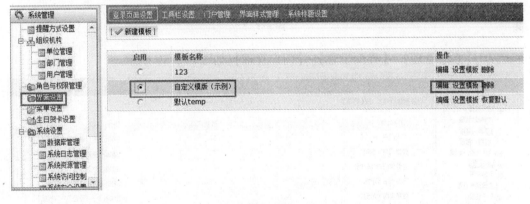

图 2.2.8

(5)【系统管理】→【界面设置】→【工具栏设置】,如图 2.2.9 所示。

117

图 2.2.9

（6）【系统管理】→【界面设置】→【门户管理】，如图 2.2.10 所示。

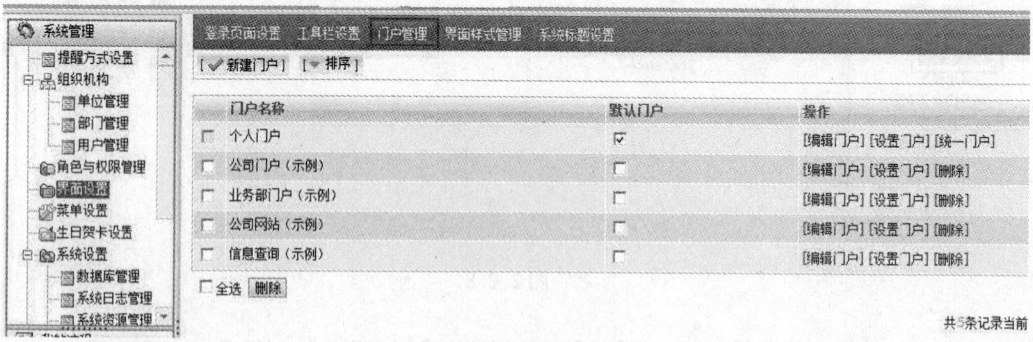

图 2.2.10

（7）【系统管理】→【界面设置】→【界面样式管理】，如图 2.2.11 所示。

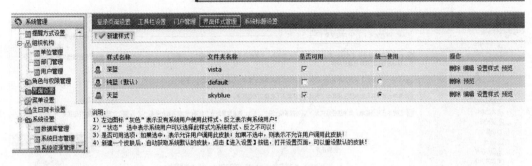

图 2.2.11

(8)【系统管理】→【界面设置】→【系统标题设置】,如图 2.2.12 所示。

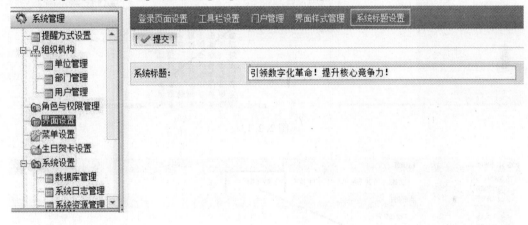

图 2.2.12

五、菜单设置

菜单设置的主要功能是新增、编辑系统菜单。在这里可以将安装后获取的初始菜单名编辑为企业、集团、政府自己的菜单名,同时也可以创建新的系统菜单。

创建菜单操作步骤如下:

(1)点击【增加菜单】按钮,创建一级菜单,如图 2.2.13 所示。在一级菜单信息栏填写好菜单名称、该菜单使用权限、菜单图标以及序号即可。

(2)点击创建的一级菜单的【增加子菜单】按钮,打开下级菜单创建页面,如图2.2.14所示。

(3)如果该二级菜单需要创建三级菜单,选择【菜单夹】且默认该菜单的链接中只输入"@"符号;否则应根据实际菜单的来源选择相应名称。

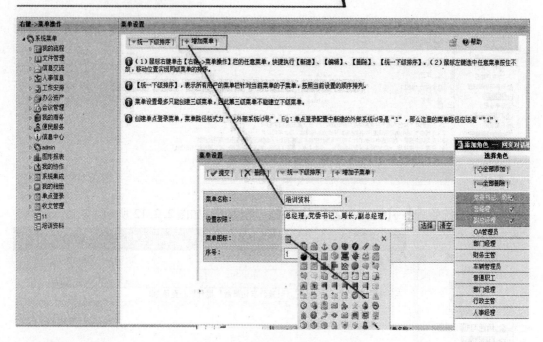

图 2.2.13

图 2.2.14

六、生日贺卡设置

生日贺卡设置的主要功能是创建和编辑生日贺卡模板。当启用某员工生日贺卡模板后,在该工作人员生日当天,模板中的发送人会通过内部邮件的方式,将生日贺卡发送给该员工。

操作说明:

(1)点击【新建】按钮,新建生日贺卡(可以创建多个)。

(2)在贺卡列表页面,选中任意贺卡,点击【保存】按钮,新建贺卡生效(当有员工过生日时,系统会自动发送邮件祝贺),如图2.2.15所示。

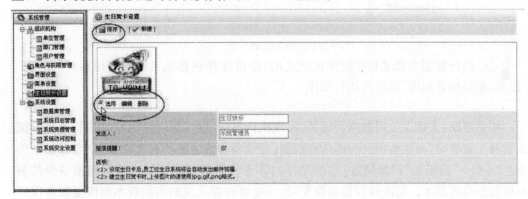

图 2.2.15

注:①工作人员在【个性设置】→【个人资料】中输入自己的出生日期,系统便可以在这个日期为其发送生日贺卡。

②新建或者编辑生日贺卡时,可以选择是否内部短信提醒员工有生日贺卡达到。

七、系统设置

1.数据库管理

数据库管理的主要功能包括数据库修复、数据库优化以及修正在线人员统计数据,如图2.2.16所示。Mysql数据库虽然稳定,但是不能避免服务器突然断电,或者病毒的侵扰造成的数据库损坏,此时某些功能可能会显示脚本或提示找不到某些表或者数据,那么就可以在此执行数据库修复功能。此外,系统使用一段时间后,必定会产生一些冗余数据,因此建议有计划地执行这里的数据库优化,清除冗余的数据。

121

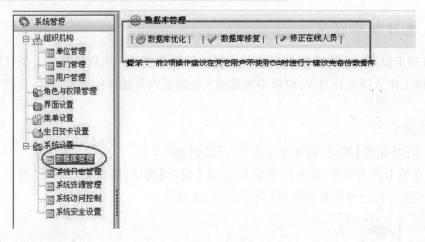

图 2.2.16

注:执行数据库修复和数据库优化之前,建议选择在其他人都不使用系统的时间段内,先备份数据库,然后再执行操作

相关帮助:①建议公司数据管理员,定期执行备份(建议每周一次);②执行产品升级或者补丁安装时,必须备份公司的所有数据(建议备份安装的所有文件,即 D 盘目录下的整个"eoffice"目录和"网络硬盘"中的文件);③系统升级完成后切勿将升级前备份的数据恢复到当前版本。每次执行数据恢复时,一定要确保系统的当前版本与恢复版本保持一致,否则将造成数据表的损坏。

执行数据备份或者恢复操作时,请按照以下三个步骤依次进行。

(1)网络硬盘数据管理。

网络硬盘数据管理的主要功能是将"共享空间"和"图片管理"数据进行备份和恢复。【共享空间设置】和【图片管理设置】中详细地记录了文件和图片的存放地址,执行数据恢复时,可根据【共享空间设置】和【图片管理设置】中记录的文件存放地址,先在服务器上将存放在地址中的文件拷贝到其他目录或者电脑上进行备份,恢复时只需使用备份的文件夹覆盖存放文件或者图片的目录即可。恢复操作后,备份文件将完全替换同名的文件,被覆盖的文件将无法找回,需谨慎操作。

(2)数据库及其附件的备份和恢复。

数据库操作属于大容量工作,其执行过程中系统运行速度将会受到影响,建议在企业或公司下班时间执行此类工作,对于数据库及其附件的备份和恢复,希望采纳以下方法进行。

①备份。

a.停止系统服务:点击【开始】→【程序】→【泛微协同办公标准版(eoffice)】→【服务停止】,确定停止系统服务。

b.拷贝安装目录中的文件夹:打开产品的安装目录,如"D:\eoffice\",然后拷贝 D:\

eoffice\data 目录下的"eoffice"文件夹以及 D：\eoffice\目录下的"webroot"文件夹。

c. 启动系统服务：点击【开始】→【程序】→【泛微协同办公标准版(eoffice)】→【服务启动】，确定启动系统服务。

②恢复。

a. 停止系统服务：点击【开始】→【程序】→【泛微协同办公标准版(eoffice)】→【服务停止】，确定停止系统服务。

b. 恢复备份数据：将备份的数据覆盖相应的文件夹(注意：恢复系统的版本号必须与备份数据系统的版本号相同)。

c. 启动系统服务：点击【开始】→【程序】→【泛微协同办公标准版(eoffice)】→【服务启动】，确定启动系统服务。

2. 系统日志管理

系统日志管理中记录了系统使用人员的登录日志、部门管理日志、账户管理日志，并且统计和分析了各类访问量，如总统计天数、日访问量、月访问量、年访问量、时段访问量等，如图 2.2.17 所示。系统管理员可以对各类日志进行删除操作，其他用户则无此权限。

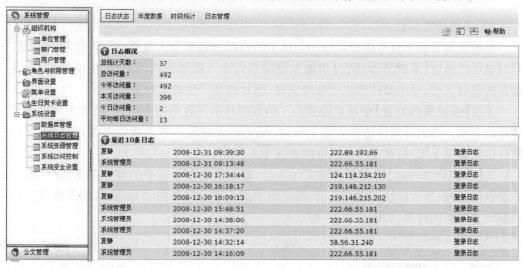

图 2.2.17

注：为了提高系统性能，建议系统管理员定期清除不需要的日志信息。

3. 系统资源管理

(1)系统资源设置。

可用来设置员工内部邮件附件总容量的上限，以及个人文档附件总容量的上限。当员工内部邮件数量达到设置容量上限时，员工将无法发送或者接收邮件；当个人文档附件数量达到设置容量上限时，员工将无法继续新建个人文档。如图 2.2.18 所示。个人文件柜默认容量上限是 100 兆，如果数量为空，则表示不限制容量。员工内部邮件容量则按照角色分配。

点击【系统管理】→【系统设置】→【系统资源管理】→【系统资源设置】,设置完成后按【回车键】即可。

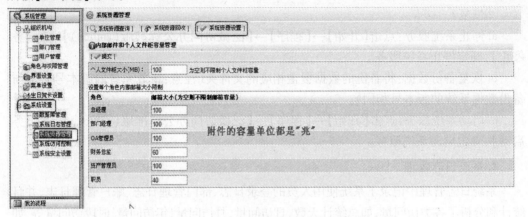

图 2.2.18

（2）系统资源回收。

系统资源管理不仅可以查看每一个员工的内部邮箱和个人文档中附件占用的容量,同时也可以通过【系统资源回收】功能来删除系统中不需要的内部短信、内部邮件,以及缓存的临时文件、导出邮件产生的临时文件、图片处理产生的临时文件等。

①在【系统资源设置】中可以设置员工内部邮件附件容量的上限,以及个人文档附件容量的上限。当内部邮件达到容量上限时,员工将无法发送或者接收邮件;当个人文档附件达到容量上限时,员工将无法继续新建个人文档。

②【系统资源回收】的主要功能实际上是,删除系统中不需要的垃圾数据,这些数据主要包括三种:所有已读的内部短信、指定时间的内部邮件和内部短信、压缩邮件等产生的临时文件和图片等,如图 2.2.19 所示。

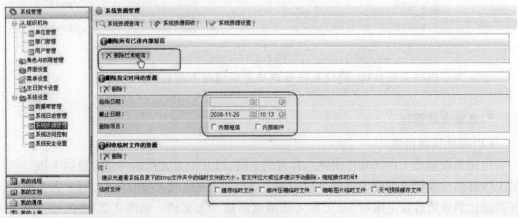

图 2.2.19

技巧:当首页的"天气预报"偶尔获取不到数据时,可到此处选中"天气预报缓存文件"进行删除,有助于获取新的天气预报数据。

点击【系统管理】→【系统设置】→【系统资源管理】→【系统资源回收】,设置完成后按【回车键】即可。

(3)系统资源查询。

可用来查询每个用户占用邮件的容量和个人文档的容量。

点击【系统管理】→【系统设置】→【系统资源管理】→【系统资源查询】,设置完成后按【回车键】即可,如图 2.2.20 所示。

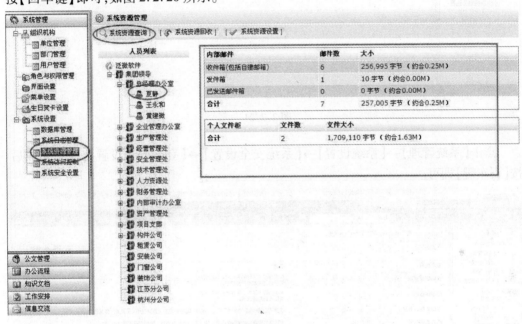

图 2.2.20

4. 系统访问控制

可用于设置登录系统的 IP 范围和"个人考勤"使用权限的 IP 范围,以确保员工按时在指定地点上班或者下班。如果不设置,则默认所有 IP 登录系统都可以打开"个人考勤"功能。

点击【系统管理】→【系统设置】→【系统访问控制】,如图 2.2.21 所示。

5. 系统安全设置

(1)登录安全设置。

可用于控制员工账户的密码是否定时过期,登录系统时是否必须输入图形验证码,同一账户是否允许重复登录,同时可以设置手机动态密码的格式,从而加强对黑客攻击或密码破解的防护,提升系统的安全性能。如图 2.2.22 所示,默认状态下显示每个功能都未开通,如果需要开通,选择"是"选项提交后即可生效。

125

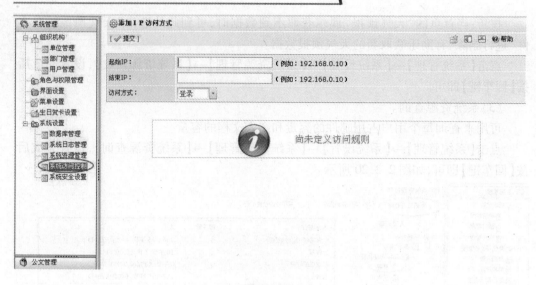

图 2.2.21

点击【系统管理】→【系统设置】→【系统安全设置】→【登陆安全设置】,设置完成后按【回车键】即可。

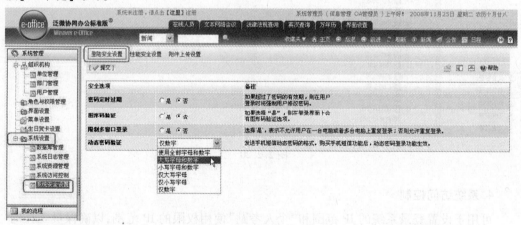

图 2.2.22

(2)性能安全设置。

性能安全设置功能主要用于设置内部短信、内部邮件、工作流程表单自动保存等的刷新频率,从而提高系统性能和反应速度。

点击【系统管理】→【系统设置】→【系统安全设置】→【性能安全设置】,设置完成后按【回车键】即可,如图 2.2.23 所示。

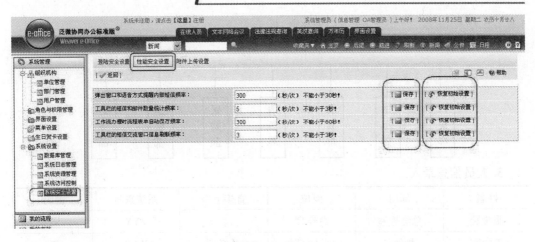

图 2.2.23

（3）附件上传设置。

可用于对系统中的内部邮件、内部短信、文档、工作流程等模块上传附件的大小、数量，以及附件类型的控制。

点击【系统管理】→【系统设置】→【系统安全设置】→【附件上传设置】，设置完成后按【回车键】即可，如图 2.2.24 所示。

图 2.2.24

练　　习

1. 单位信息录入。
2. 组织结构录入。

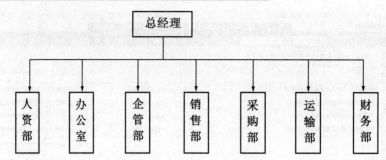

3. 人员信息录入。

姓名	部门	岗位	直接上级	系统账号	密码
张媛媛	总经理室	总经理		ZYY	空
王丽霞	办公室	办公室部长	总经理	WLX	空
周 静	办公室	办公室文员	部长	ZJ	空
李 静	销售部	销售部部长	总经理	LJ	空
刘文会	销售部	销售员	部长	LWH	空
刘红丹	销售部	销售员	部长	LHD	空
朱 峰	销售部	销售员	部长	ZF	空
徐俊文	采购部	采购部部长	总经理	XJW	空
刘会影	采购部	采购员	部长	LHY	空
徐英姬	财务部	财务部部长	总经理	XYJ	空
杨海萍	财务部	会计	部长	YHP	空
刘德燕	人资部	人资部部长	总经理	LDY	空
王冬萍	人资部	人资专员	部长	WDP	空
曲玉平	企管部	企管部部长	总经理	QYP	空
张 也	企管部	企管部文员	部长	ZY	空
吴 艳	运输部	运输部部长	总经理	WY	空
张明琪	运输部	运输员	部长	ZMQ	空

实验三

我的流程（定义表单）

工作流程是对一整套规则与过程的描述，以便管理在协同工作进程中的信息流通与业务活动。它的目标在于根据企业实际规范和业务操作来定义电子化的工作流程，以智能的方式处理工作过程。它可以保证工作中的某项任务完成后，按预定的规则实时地把工作传送给处理过程中的下一步，保留工作流转进程中的操作痕迹，更重要的是，保证相关数据的自动更新。工作流程的电子化可以大大提升企业的运营效率，解决人工操作效率低下、工作相关资料不能有效和统一地管理、工作流程的审批意见不能完整地保存并归档等问题。

（1）工作流程就是几个人协同完成一项工作，简言之，就是几个人共同填写一张"表单"的工作。

（2）表单由用户来设计（一般由管理员设计完成）。

（3）表单可以用 Word、Excel、网页工具等设计，设计完成后对其进行复制、粘贴，导入到"表单智能设置"中。然后打开"表单智能设置"，为每个字段添加控件。

（4）表单控件中"宏控件"是指从系统数据库直接调用信息，方便表单操作，例如：当前日期、当前用户名、当前用户部门等。

（5）每个工作流程仅对应一个表单，而一个表单可以对应多个工作流程。

（6）流程可分为固定流程和自由流程两种，固定流程由固定步骤组成，用户事先需定义好；自由流程则无须定义流程步骤。

（7）固定流程的每个步骤都需要指定下一步骤节点、经办人和相应的可写字段。

（8）设置下一步骤节点时，如果下一步骤是支持多节点的，流程默认指向第一个节点，例如：第二步骤，选择下一步骤节点为"3,5,1"，则用户办理时，流程默认指向下一节点"3"，如果是"1,3,5"流程默认指向下一节点"1"，也就是退回。

（9）固定流程第一个步骤的经办人有权新建该流程，如果没有第一个步骤的经办权，则该用户不能创建该流程，在"新建流程"菜单中也不会显示该流程。

（10）执行中的工作和已完成的工作,都可以通过流程查询功能查找到,并可以导出Excel表。

（11）任何流程都可以指定监控人员,监控人员可随时转发或终止该流程。

（12）流程只有在最初设计的时候可以进行删除修改,当该流程开始启用之后,流程就不能修改节点和进行删除。如果是不需要的流程,可以将该流程所产生的数据进行删除,但只能在定义流程过程中才允许将其删除。

（13）流程中的签名在"签办反馈区"实现,办理者填写相关意见并提交后,系统自动记录用户姓名和时间,实现电子签名功能。对于有附件的文档,则需通过"eoffice"控件的"电子签章"功能进行盖章。

一、流程分类

可根据系统内部管理的工作类型对流程进行归类,如收发文、财务管理、行政管理、人事管理等,供流程定义时可以归到一类中,用户使用时可按照此分类分别进行查看。如图2.3.1所示。

图2.3.1

二、定义表单

1. 新建表单

（1）进入系统中【我的流程】→【流程配置】→【定义表单】页面,如图2.3.2所示。

（2）点击【新建表单】输入表单名称并提交保存,这样就创建了一个新的表单,如图2.3.3所示。

（3）保存后返回工作流程设置页面,使用表单智能设计器来选择表单的样式,如图2.3.4所示。

130

(4)点击新建表单名称后的【表单智能设置】,打开表单智能设计器,把用 Excel 制作好的表格全选后,复制、粘贴到表单智能设计器中(也可以把"文档模板"中做好的表单框架直接导入进来,此模板来自于"文档管理"中的"文档模板管理"),表单的基本样式就设计好了。最后为新建表单添加【表单控件】,给表单字段定义属性。如图 2.3.5 所示。

图 2.3.2

图 2.3.3

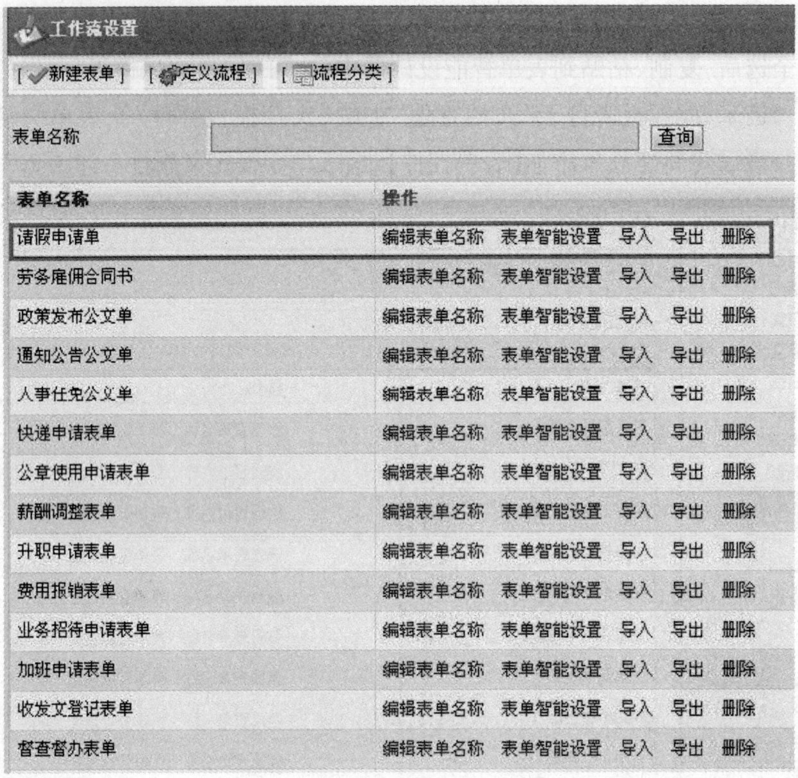

图 2.3.4

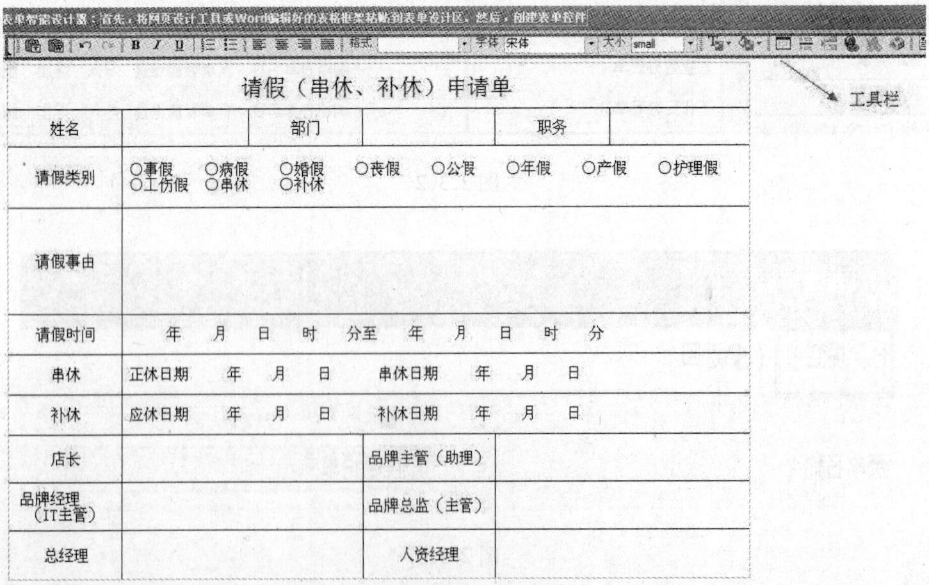

请假（串休、补休）申请单

姓名		部门		职务	
请假类别	○事假　○病假　○婚假　○丧假　○公假　○年假　○产假　○护理假 ○工伤假　○串休　○补休				
请假事由					
请假时间	年　　月　　日　　时　　分至　　年　　月　　日　　时　　分				
串休	正休日期　年　　月　　日　　串休日期　年　　月　　日				
补休	应休日期　年　　月　　日　　补休日期　年　　月　　日				
店长		品牌主管（助理）			
品牌经理（IT主管）		品牌总监（主管）			
总经理		人资经理			

工具栏

图 2.3.5

2. 表单控件的使用

表单控件是制作一个表单的核心部分。通过 Excel 编辑好一张表单的格式和框架,接下来就需要通过表单控件进行字段的属性设置。

(1)首先选择需要编辑的字段内容,如"请假事由",将鼠标点击到"请假事由"字段的后面,光标闪烁。如图 2.3.6 所示。

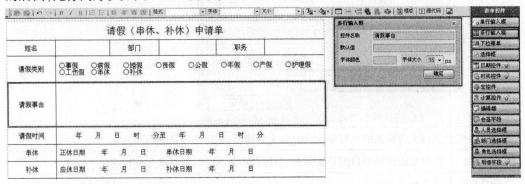

图 2.3.6

(2)然后选择右侧的【多行输入框】一栏,弹出属性设置窗口。

(3)【控件名称】=字段名称(如"请假事由"),如图 2.3.7 所示。每个字段均操作完成后,则一张完整的表单就制作完成了,注意保存表单。

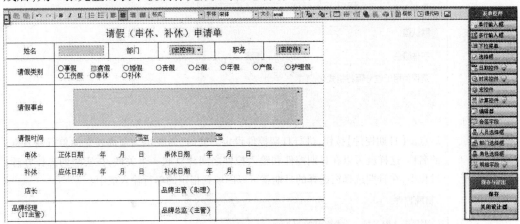

图 2.3.7

注:通常情况下,每个控件的名称都必须是唯一的,不能重复。特殊控件(如:日期控件的配合)除外。

(4)在工作汇报中,工作项目的编号、完成时间、工作内容等在表单中都是重复的,但是对于"表单控件"的名称,则需要按表 2.3.1 所示进行命名,即每个字段的控件名称都是唯一的。

表 2.3.1　功能框架表

控件名称	功能说明
单行输入框	单行文字输入的填写字段,例如:签字、发文名称等 **单行输入框**　✕ 控件名称　　姓名 默认值 字体颜色　　　　字体大小　15 ▾　px 是否使用千位分隔符格式化　□ 确定
多行输入框	多行文本输入的填写字段,例如:文章摘要、具体事项描述等
下拉菜单	针对固定选择项目的单选列表,下拉选项为 50 项,能够满足应用需求
选择框	选中或不选
日期控件	用于实现日期选择窗口的弹出,需要结合"单行输入框"一起使用。具体操作步骤如下: 1.先创建一个单行输入框,控件命名"请假开始日期" **单行输入框**　✕ 控件名称　　请假开始日期 默认值 字体颜色　　　　字体大小　15 ▾　px 是否使用千位分隔符格式化　□ 确定 2.点击【日期控件】按钮,进行日期控件设定。此时,需要填写前面建立的单行输入框的名称,这样就可以在日期控件和输入控件之间建立起一个关联,在实际的工作办理过程中,在日期选择窗选择的日期就可以回填到指定的单行输入框中 **日期控件**　✕ 对应输入框名称　请假开始日期 确定 3.结果显示如下: 请假开始时间

续表 2.3.1

控件名称	功能说明
宏控件	可自动从数据库中调用相关的信息,获取数据信息,代替手工输入,自动根据用户指定的要求取值,使工作流程的表单更加智能。具体内容如下: 1. 当前日期:当前步骤的办理日期,该控件要与"流程步骤" – 可写字段对应 2. 当前时间:当前步骤的办理时间,该控件要与"流程步骤" – 可写字段对应 3. 当前日期 + 时间:当前步骤的办理日期 + 时间,该控件要与"流程步骤" – 可写字段对应 4. 当前用户 ID:获取当前步骤处理者的 ID,该控件要与"流程步骤" – 可写字段对应 5. 当前用户姓名:获取当前步骤处理者的姓名,该控件要与"流程步骤" – 可写字段对应 6. 当前用户部门:获取当前步骤处理者的部门,该控件要与"流程步骤" – 可写字段对应 7. 表单名称:获取该流程的表单名称 8. 文号:自动获取流程的文号说明,例如:xxx 发文 2006 – 8 – 21 9. 流程开始日期:自动获取流程建立的日期 10. 流程开始日期 + 时间:自动获取流程建立的日期 + 时间 11. 来自 SQL 查询语句:SQL 查询语句可为高级用户使用,需要维护人员熟悉 SQL 命令,如下拉菜单型语句为:select URL_DESC from URL,单行输入框语句为:select USER_NAME from USER where USER_ID = "admin" 12. 部门列表:公司所有部门的下拉列表 13. 人员列表:公司所有人员的下拉列表 14. 角色列表:公司所有角色的下拉列表 15. 流程经办人员列表:此流程经办人员的列表 16. 本步骤经办人员列表:当前办理步骤的人员列表,该控件要与"流程步骤"可写字段对应
计算控件	首先,我们先建立好需要参与计算的项目,如图,建立好【交通费】和【住宿费】的控件类型,选择【单行输入框】控件,如下图中【交通费】的控件设定 接下来的操作步骤如下: 1. 选中显示计算结果的字段【暂支旅费合计】 2. 点击【计算控件】按钮,建立一个计算控件 3. 设定时需要输入计算公式:公式的规则就是四则运算规则,注意符号必须是英文字符的" + – * / ( )",可以利用括号和加减乘除进行计算,公式的计算就是上面建立的单行输入框控件的名称

续表 2.3.1

控件名称	功能说明
会签字段	用于一个节点多个领导需要在表单里填写意见的情况,流程的原则是经办人不能在表单里填写内容,但是又要会签,就需使用会签字段
明细字段	可以自定义明细表的字段和统计公式,办理工作流程时,可编辑和查阅明细表数值和统计值
人员选择框	办理流程时,可以选择的人员
部门选择框	办理流程时,可以选择的部门
角色选择框	办理流程时,可以选择的角色
编辑器	HTML 编辑器在办理工作流程时,可以与文档、流程、相册、新闻协助、公告等进行关联,同时可以编辑字体样式、颜色
注意	1. 请勿将设置好控件的表单拷贝回 Word 或网页设计工具再编辑,这样控件的属性信息会丢失 2. 修改表单时,控件顺序应该保持原顺序,按从上到下,从左至右排序,否则表单将无法与历史数据对应 3. 控件名称不能含有空格,也最好不要使用标点符号

3. 表单设计的小技巧

虽然用 Word、Excel、FrontPage、DreamWeaver 等软件可以制作出风格多样、颜色艳丽的表单,但最好还是使用网页设计工具设计表单样式,这样比较方便在表单设计器中对其进行调整(注:Word 设计的表格,格式、尺寸不太容易调整)。

(1)可以选中控件,用鼠标拖动其边缘,改变其大小。

(2)同一类型或名称近似的控件可以采用复制的办法,快速生成,然后再进行详细设定。

(3)可以用键盘移动光标,按【Backspace】键删除控件前的多余空格。

(4)可以选中控件,点击居中按钮,使控件位于表格中央。

(5)快捷键:"Ctrl + c"复制,"Ctrl + v"粘贴,"Ctrl + z"取消,"Ctrl + y"重做。选择编辑 HTML 源文件模式,单击鼠标 3 次,再取消编辑 HTML 源文件模式,可将所有内容全选,按【Delete】键可将内容删除。

(6)表单中还可以使用特殊的宏标记,在实际使用该表单时,宏标记会显示为具体的信息,下面做一些说明。

①#[表单],代表表单名称。

②#[文号],代表文号或说明。

③#[时间],代表第一步骤的办理日期。

(7)如果需要改变原表单样式,则可以把新的表单样式先拷贝到原表单上方,把原来的控件拖动到新表单合适的位置(但控件顺序应该保持原顺序,按从上到下,从左至右排序)。

注:①表单需在 Excel 表中直接做好,包括需要填写的内容和需要调整好的大小;

②表单复制到表单智能设计器后,需要将填写内容中的空格删除,否则生成后影响整体格式。

实验四

我的流程(定义流程)

一、定义固定流程

定义固定流程提供五个功能设置页面:【基本信息】【节点设置】【监控人员】【报表设置】【其他设置】,如图2.4.1所示。其中节点设置包括"节点信息""办理人员""字段控制""路径设置""出口条件""子流程"等操作。

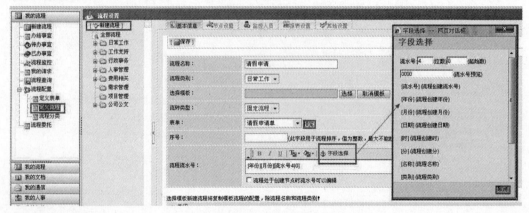

图2.4.1

1.基本信息

【基本信息】中需填写必要内容,如此定义固定流程的名称、流程类别、流转类型,对应的表单见表2.4.1。

表2.4.1 流程功能说明表

字段名称	功能说明	是否必填
流程名称	流程的名称	√
流程类别	对应"流程分类"中的类别属性	√

续表 2.4.1

字段名称	功能说明	是否必填
流程模板	可以直接引用已经创建好的流程,将流程的"表单""路径""权限"统一复制过来,只需进行后期调整即可,减少了重复工作	
流程类型	"自由流程":这种类型的流程是没有具体流程步骤的,由流程前一步骤人员选择是否到下一步骤以及下一步骤的办理人员,其中任何步骤的人员都可以终止这个流程 "固定流程":这种类型的流程需要设置流程步骤,流程前一步骤人员只能选择下一步骤的办理人员,只有这个流程的步骤走完或者具有监控权限的人才能终止这个流程	√
流程文号	可按字母、时间、流水号排序设置文号格式,自动生成流程文号	
表单	流程对应的表单(流程和表单相互关联上),需要进行填写	√

2. 节点设置

(1)点击【新建节点】进入"节点信息"编辑界面,如图 2.4.2 所示,在此填写流程的"步骤名称",在下一步出口的"流转步骤序号"选择"办理方式",见表 2.4.2。

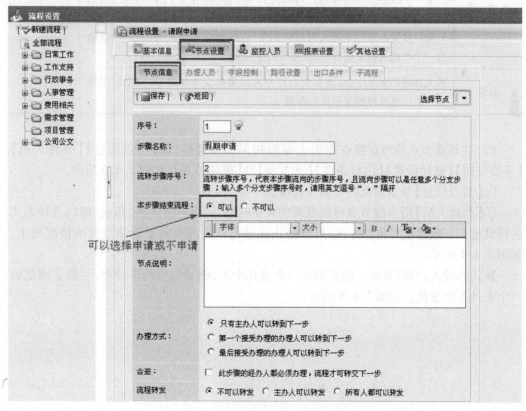

图 2.4.2

表 2.4.2　流程步骤功能表

字段名称	功能说明	是否必填
序号	此节点的序号,一般在创建时由系统自动默认赋值	√
步骤名称	此步骤的名称	√
流转步骤序号	1. 可以在【路径设置】中进行设置 2. 填写下一步骤可以选择的节点出口,将节点的序号填写进去即可,必须是数字。下一步跳转节点为多个时,则必须用英文的逗号隔开 3. 设置为空,则表示流程按步骤序号依次执行 4. 如填写,则表示跳转至指定序号,例如第一个步骤的下一个步骤写 3 则表示跳过步骤 2 直接流转至步骤 3 5. 系统默认指向第一个步骤序号时可以设置为多个流转分支,例如第一个步骤的下一个步骤写 2,3 则表示流程的主办人可选择其中一个流程分支,既可以是步骤 2 也可以是步骤 3,分支没有个数限制 6. 最后一个步骤无论是否指定下一步骤,均可以直接结束流程	
办理方式	1. 只有主办人可以转到下一步:如有多个人为经办人,需要设定一个主办人。主办人提交流程时,流程可向下一步流转 2. 第一个接受办理的办理人可以转到下一步:如有多个人为经办人,则第一个办理人提交流程时,流程可向下一步流转,无主办人 3. 最后接受办理的办理人可以转到下一步:如有多个人为经办人,则最后一个办理人提交流程时,流程可向下一步流转,无主办人	√
会签	多人办理的情况下,必须在所有经办人员都提交意见之后,指定的主办人才可以将流程提交到下一步骤	

　　(2)在新建节点后可直接在图形上编辑相关属性操作,如【节点信息】【办理人员】【字段控制】【路径设置】【出口条件】【子流程】及【删除节点】,如图 2.4.3 所示。

　　①【节点信息】节点信息的显示与修改。

　　②【办理人员】指当前节点可以处理的人员权限,可以通过人员、角色、部门三种方式进行设定。一般建议多角色方式,可以防止人员离职后流程需要重新设置的情况发生。如图 2.4.4 所示。

　　默认办理人:当前节点一般是固定一个或几个人,例如公司的总经理,一般是固定的一个人且不会变化。如图 2.4.5 所示。

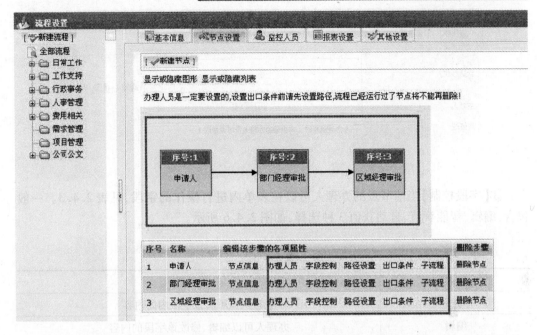

图 2.4.3

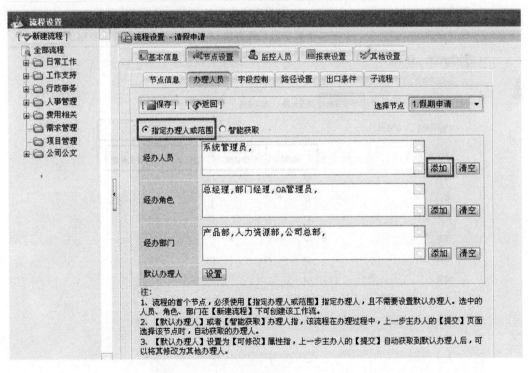

图 2.4.4

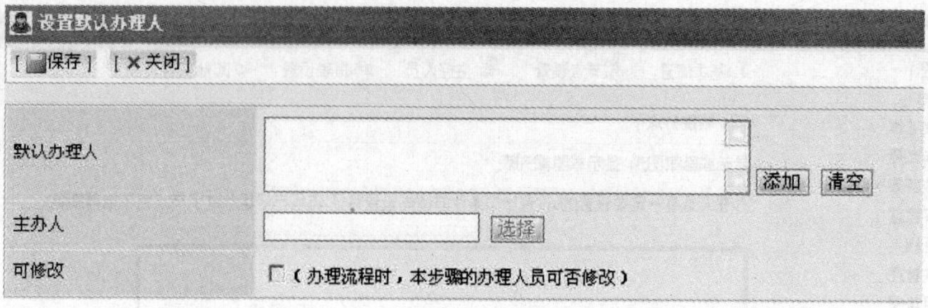

图 2.4.5

③【字段控制】当前节点的办理人可以在表单内进行操作的字段,见表 2.4.3。一般包含:编辑、智能获值、自动获值 3 种选择,如图 2.4.6 所示。

表 2.4.3

字段名称	功能说明
不选择	办理人只可看该字段内的内容
编辑	办理人可以编辑、修改该字段的内容
只有宏控件属性的字段可以编辑智能获值和自动获值,且只能设置其中一种	
智能获值	如果字段值为空,系统自动给字段赋值
自动获值	不管字段是否有值,系统都会强制给字段重新赋值

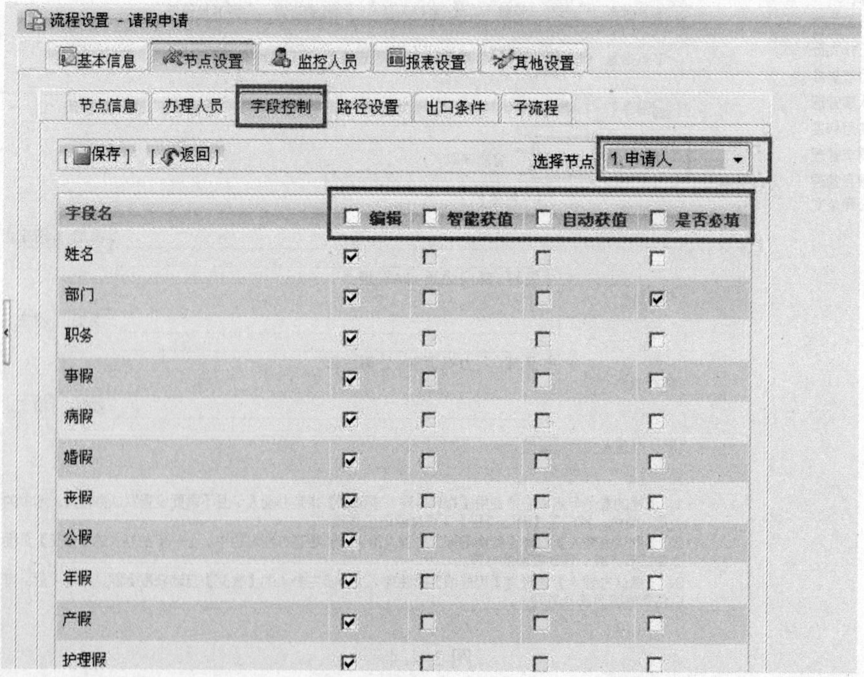

图 2.4.6

④【路径设置】和【流转步骤序号】功能一致,但在此处可以直接用鼠标从"备选节点"中拖动需要的节点到"流出节点"栏目,且可以排序设定出口排列顺序,如图2.4.7所示。如果"流出节点"为空时,默认流向下一个节点。

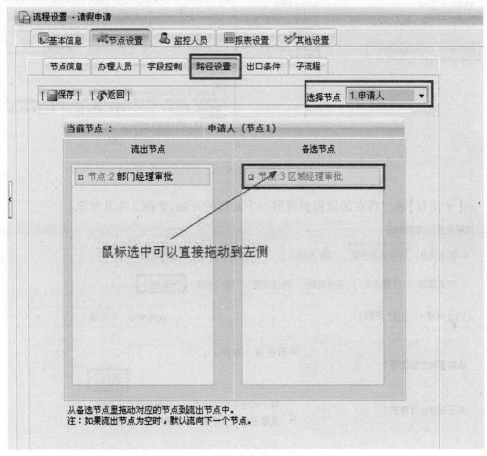

图2.4.7

⑤【出口条件】可以为流程出口设置条件,例如请假流程。

a. 字段"婚假"的条件为字符为"婚假",则流程节点出口为:区域经理审批。

b. 字段"婚假"条件为空,则流程节点出口为:部门经理审批。

操作时首先需要选择一个字段,并匹配相应的值;也可以点击以下【验证】给出正确的赋值公式。如图2.4.8所示。

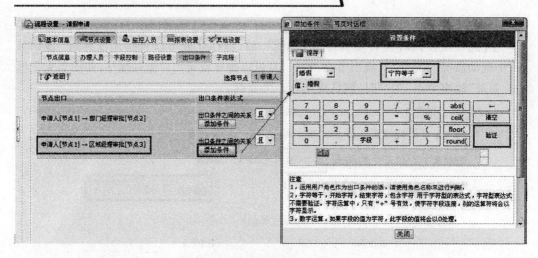

图 2.4.8

⑥【子流程】通过现在的流程触发另一个流程的开始,如图 2.4.9 所示。

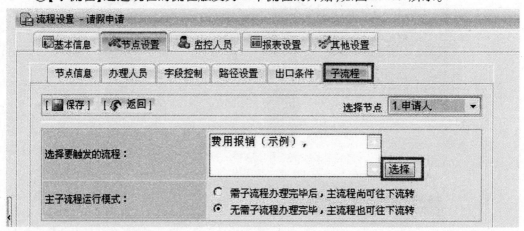

图 2.4.9

3. 监控人员

用于指定可以监控该流程的人员,如图 2.4.10 所示,监控人员可以随时将该工作的流程回传至上步、转交至下步、终止和查看。

4. 报表设置

点击【新建报表】,保存后首先选择报表名称后面的"报表字段"功能,然后选择需要统计的字段内容,保存后即可,如图 2.4.11 所示。

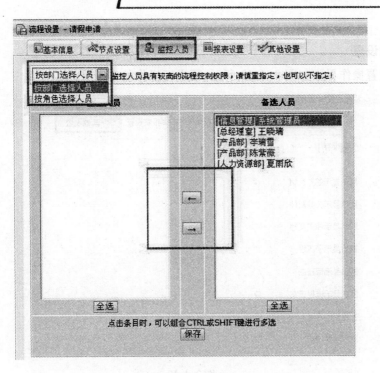

图 2.4.10

图 2.4.11

5. 其他设置

其他设置操作界面如图 2.4.12 所示,可进行操作的字段见表 2.4.4。

图 2.4.12

表 2.4.4 流程设置功能表

字段名称	功能说明
流程结束归档	选中后,系统会自动把此流程的表、附件、签办反馈意见统一归口到公共文档库中,且归口的文档目录会自动根据流程名称生成;
默认显示流程图	是对新建或处理流程是否展现流程图的开关
默认显示流程正文	是对新建或处理流程是否展现流程正文的开关
默认显示步骤选择	是对新建或处理流程是否展现步骤选择的开关
默认显示公共附件	是对新建或处理流程是否展现公共附件的开关
默认显示签办反馈	是对新建或处理流程是否展现签办反馈的开关
开启自动保存	选中后,系统会按照系统安全设置中的保存频率,自动保存流程

二、定义自由流程

定义自由流程主要是为了满足没有固定的流程流转方向,即没有固定的节点和出口,需要由用户在新建或审批处理时自行决定下一步需要谁来处理的流程流转形式,但在自由流程使用前还是需要先建立固定对应的表单。

操作:定义流程的基本信息,选择流转类型为【自由流程】,之后保存即可,如图

146

2.4.13所示。定义为自由流程后,就不再需要定义【节点信息】及其下方设置。其他如【监控设置】【报表设置】【其他设置】同定义固定流程。

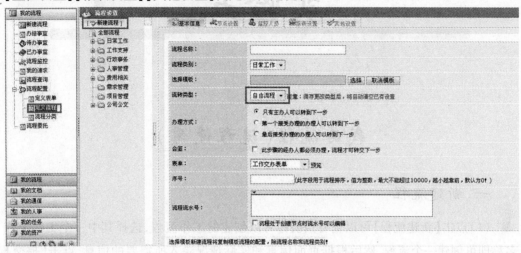

图 2.4.13

实验五

我的流程(流程使用)

一、新建流程

(1)点击【新建流程】可以查看当前你可以创建的工作流程,选择其中一个工作流程名称即可创建一个流程,然后根据页面信息和实际情况录入所需要的信息,点击【提交】即完成创建过程,如图 2.5.1 所示。

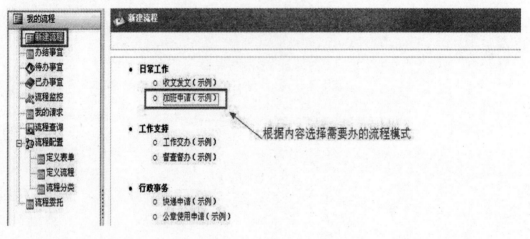

图 2.5.1

(2)新建流程中包括表单界面,界面共有【流程图】【子流程】【相关文档】【公共附件】【签办反馈】五个 TAB 页,点击如图 2.5.2 中各 TAB 页的标题文字,可直接进入该页面显示具体内容。

【表单界面】权限填写的工作内容。流程中所有内容格式均可通过【流程设置】中的【定义表单】进行个性化编辑。

148

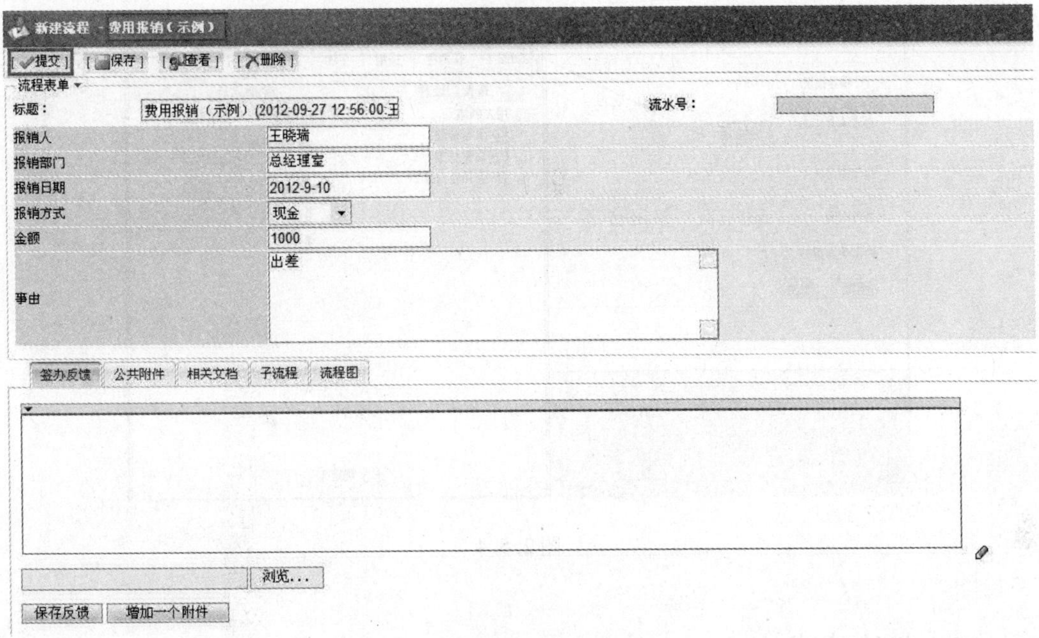

图 2.5.2

【流程图】可以查询图形化流程,同时系统会自动记录工作的流转痕迹,可随时查看到工作的进展状态和过程。如图 2.5.3 所示。

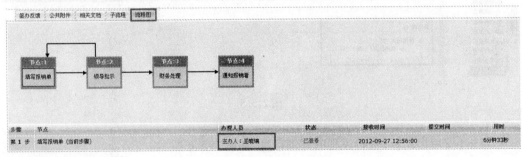

图 2.5.3

选择"领导批示"中需要办理的人员,点击【确定】即可,如图 2.5.4 所示。

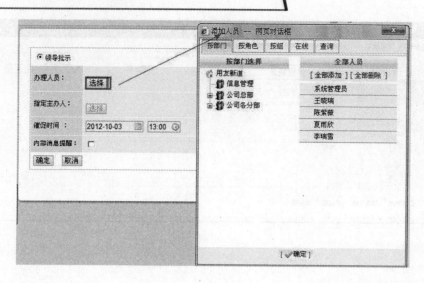

图 2.5.4

二、我的请求

用户可以在此选项下看到所有自己发起的申请及请求,并且可以直接点击某个具体请求流程,查看相关状态信息,如图 2.5.5 所示。

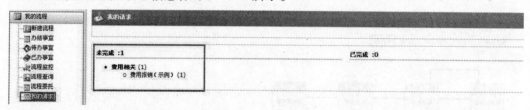

图 2.5.5

点击【费用报销】可查看流程的详细信息,如图 2.5.6 所示。

图 2.5.6

点击后显示现在流程进入节点 2,如图 2.5.7 所示,可以看到流程相关信息。

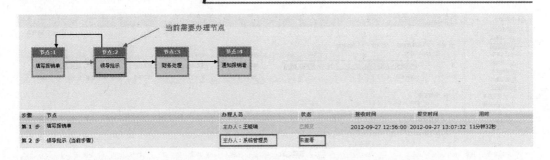

图 2.5.7

流程的下一步系统管理员进行登录处理。登录页面中"待办流程"显示需要办理的
流程,如图 2.5.8 所示。

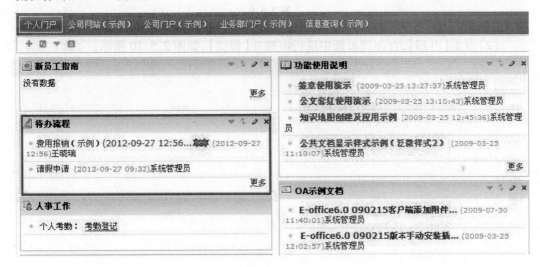

图 2.5.8

三、待办事宜

【待办事宜】是在流转过程中的流程,当前步骤是需要您来处理时,此流程就会出现
在您的待办事宜里。待办事宜中分类列出了您当前需要处理的所有流程,点击【办理】进
行工作处理,选择【提交】或者【保存】按钮流程会流转到下一步骤。（请注意:部分流程
需要选择办理人）

（1）点击【我的流程】→【待办事宜】会看到新建流程的人员（本演示为:王晓瑞）,他
提交的费用报销流程已经显示在我的待办流程之中,需要管理员进行审批,同时也可以
看到催促时间。如图 2.5.9 所示。

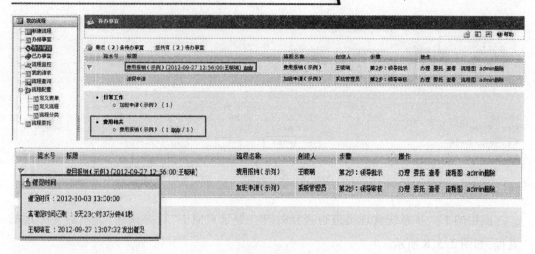

图 2.5.9

(2)点击【办理】,在办理页面中进行审核并【提交】,如图 2.5.10 所示。

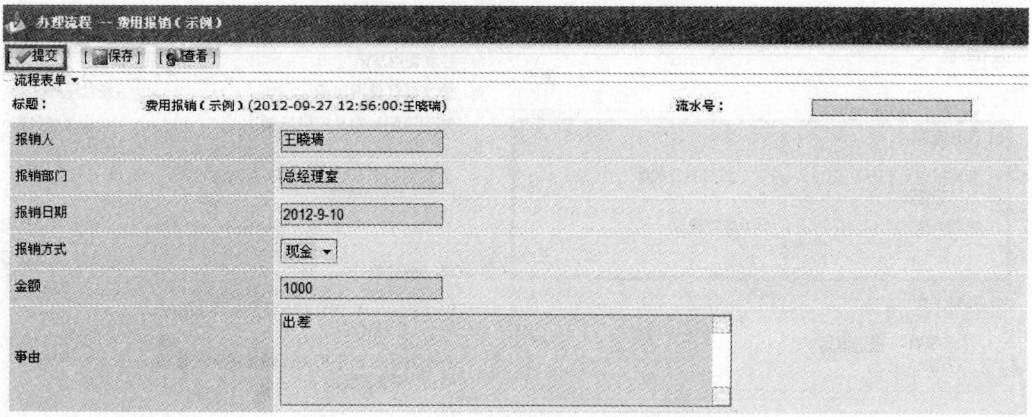

图 2.5.10

(3)进入工作的代办界面包括表单界面,共有【流程图】【子流程】【相关文档】【公共附件】【签办反馈】五个 TAB 页,点击各 TAB 页的标题文字,可直接进入该页面显示具体内容,基本上与新建类似。提交后出现工作流程提醒页面,可以提醒相关人员进行下一步的操作,如图 2.5.11。

图 2.5.11

(4)随后跳出对话框,选择【确定】进入下一步的处理,或选择【退回】,界面显示如图2.5.12 所示。

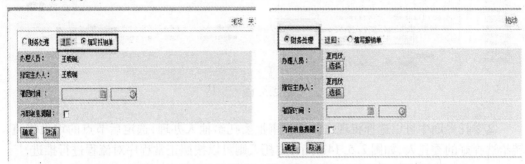

图 2.5.12

如果选择【财务处理】,则进入下一节点处理;如选择退回的【填写报销单】,则流程的发起者会看到退回信息。

(5)信息填写完成后,"待办事宜"中的"费用报销"会在【我的任务】中消失,流转至所选择的"办理人员"(本演示为:夏雨欣)进行后续的办理与审核。

四、已办事宜

已办事宜是指用户可以查看自己已办理,但是下一步骤的办理人还未办理的流程。如果工作流程的办理人是主办人,主办人必须将工作流提交到下一步骤,此流程才可作为主办人的已办事宜。当下一步骤的办理人查看了该流程后,主办人的已办事宜中该流程会自动消失;如果工作流程的办理人是经办人,则经办人只要保存了自己的办理信息,就可以作为自己的已办事宜,但是下一步骤的办理人查看了该流程,经办人的已办事宜中该流程会自动消失。

(1)【收回】当流程已经流转到下一步骤时,可再次收回并重新填写流程表内容。

(2)【表单】查看此流程的表单信息。

(3)【流程图】查看此流程的流程流转图。

(4)【删除】当流程申请还没有提交时,用户可删除该流程。

五、流程委托

流程委托可分为两种:第一种是在并没有实际流程发生时,将未来某个时间段内的某个或者某些流程委托给别人,一旦这些流程真的发生,被委托人可以代替委托人直接处理;另一种是流程已经实际发生,需要用户处理,委托人此时再将这一流程委托给别人代为处理。

(1)流程节点2的"办理人员"(本演示为:夏雨欣)登陆其页面后,在其【我的流程】→【待办事宜】中出现了对流程进行审批的页面。

①如果她希望可以把这件事委托给其他人办理时,可以点击【委托】选项,如图2.5.13所示。

图 2.5.13

②委托界面中可以选择将现在的流程审批委托给他人办理,选定后节点的审批将流转给选择好的委托人,如图2.5.14所示,委托人则可以按照正常程序对流程进行推进。

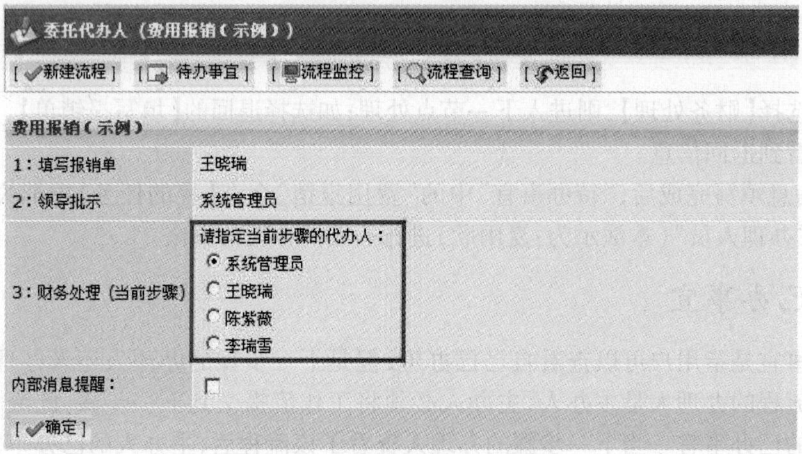

图 2.5.14

③当"系统管理员"对委托事务进行处理后,"费用报销"流程流转到最后的通知审批事宜人员的手中,当其查看此流程时,可进行"通知报销者"的操作,如图2.5.15所示。

图 2.5.15

④点击【提交】后,便会出现是否"结束流程"的提示,可以选择【确定】,结束流程,至此流程全部结束,如图2.5.16所示。

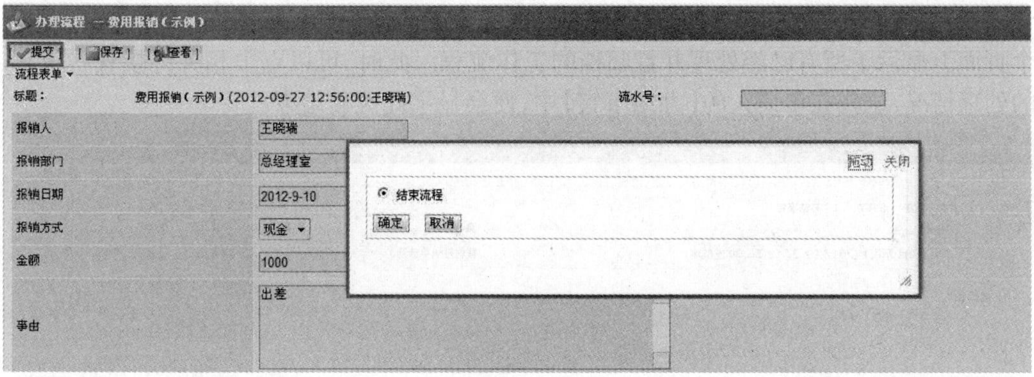

图 2.5.16

（2）也可以通过【我的流程】→【流程委托】→【新建】直接设置将固定流程委托给谁，及委托开始时间、结束时间，并可以选择委托的流程类型，如图 2.5.17 所示。

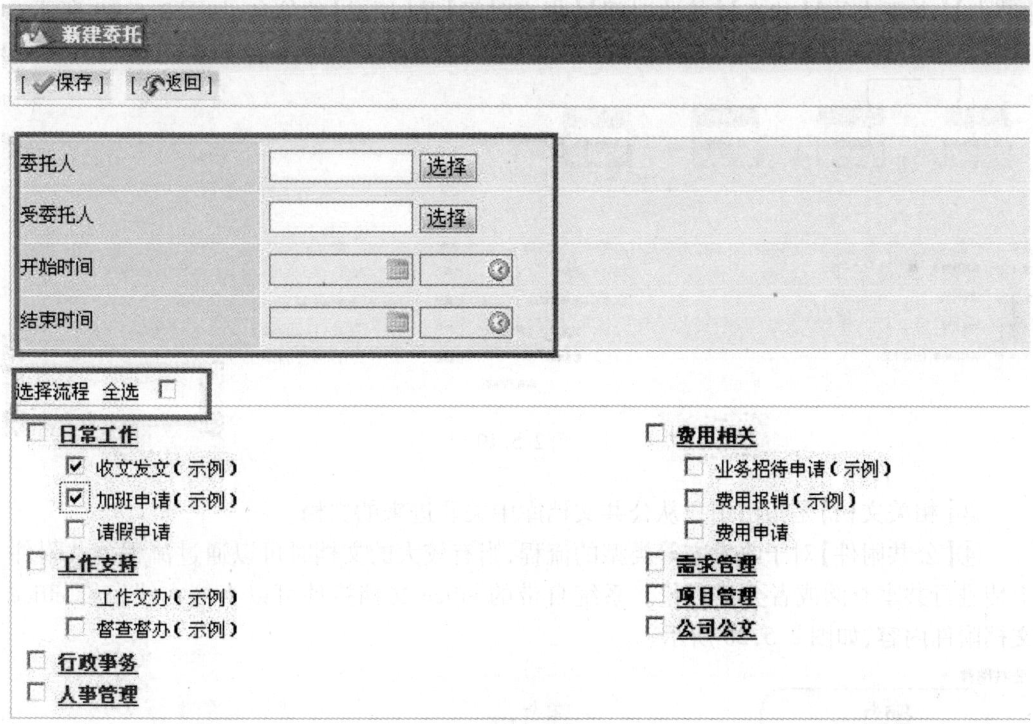

图 2.5.17

六、办结事宜

点击【办结事宜】可以查看已经处理并且归档的流程处理的进度情况。具体操作步骤如下：

(1)在菜单栏中点击【我的流程】下的【办结事宜】进入页面,如图2.5.18所示,在这个页面上显示了所有已经处理并且归档的工作流程。此时,可以点击相关链接查看流程的处理情况,这样在申请人的【办结事宜】中,便会显示此流程结束。

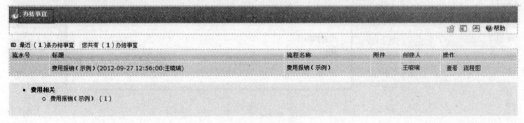

图2.5.18

①【表单】查看此流程的表单信息。

②【流程图】查看此流程的流程流转图。点击【流程图】,可以查看到此流程的全部【节点】【办理人员】【状态】【接收时间】【提交时间】及【用时】的信息,如图2.5.19所示。

图2.5.19

③【相关文档】是指由用户从公共文档库中关联进来的文档。

④【公共附件】对于收发文等类型的流程,当有较大的文档时可以通过流程公共附件上传进行共享查阅或者会签讨论。系统自带的 effice 文档控件可以直接在线编辑 effice 文档附件内容,如图2.5.20所示。

图2.5.20

⑤【签办反馈】可以进行意见交流会签,也可以进行多个附件的上传,一般是针对自

已个人意见的补充,如图 2.5.21 所示。

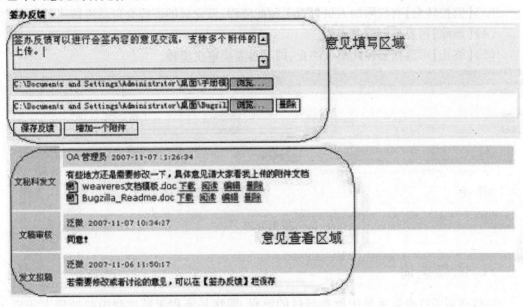

图 2.5.21

(2)根据流程定义不同,处理流程时的操作按钮也不同。

①【提交流程】工作流程的主办人打开流程办理页面时会有此按钮,可在点击【提交】按钮保存办理信息后直接将流程提交到下一步骤,同时也说明该流程办理已经完成。

②【保存表单】工作流程的主办人和经办人打开流程办理页面,都会有此按钮,而点击此按钮只是保存办理时输入的信息,而不会将流程流转到下一步骤。如果流程的经办人点击【保存】,表示经办人的工作已完成,此工作流程会自动流转到经办人的已办流程中。如果主办人没有将流程提交到下一个步骤,经办人可以从已办流程页面点击进入流程再次办理。

③【返回】是指返回到选择流程的页面。

④【转发】是指可以将此流程转发给系统内任意其他人员。

⑤【结束】即使不是在最后一个节点,流程某个节点的办理人员也可以直接结束此流程。

⑥【删除】节点办理人员可以直接删除此流程。

七、流程监控

工作流程监控人员在这里全程监控流程的进度。他们不仅可以监控每个步骤的表单、意见、流程图,也可以直接将流程提交到下一个步骤,根据工作的需要,也可以删除流程。如图 2.5.22 所示。

(1)【查看】查看此流程的表单信息,签办意见。

157

（2）【流程图】查看此流程的流程流转图。

（3）【监控转交】有权限的人员可以干预此流程,已完成的流程会自动流转到下一步。

（4）【删除】可直接删除此流程。

（5）【终止】可直接监控此流程终止,即不再需要审批流转。

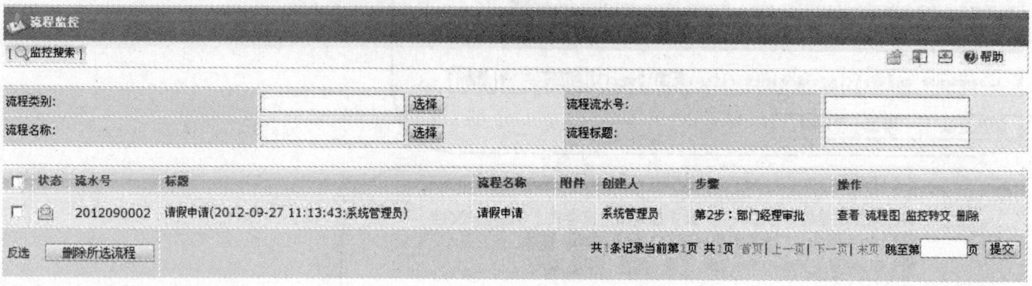

图 2.5.22

八、流程查询

通过搜索条件查询系统中所参与过的流程,即您是流程流转过程中的处理人的流程。可以设置详细的查询条件进行精确查询,如图 2.5.23 所示。监控人员也可以查询自己监控的工作流程。流程查询的结果可以进行内容的查看以及批量导出,支持使用 Excel 导出统计数据功能。

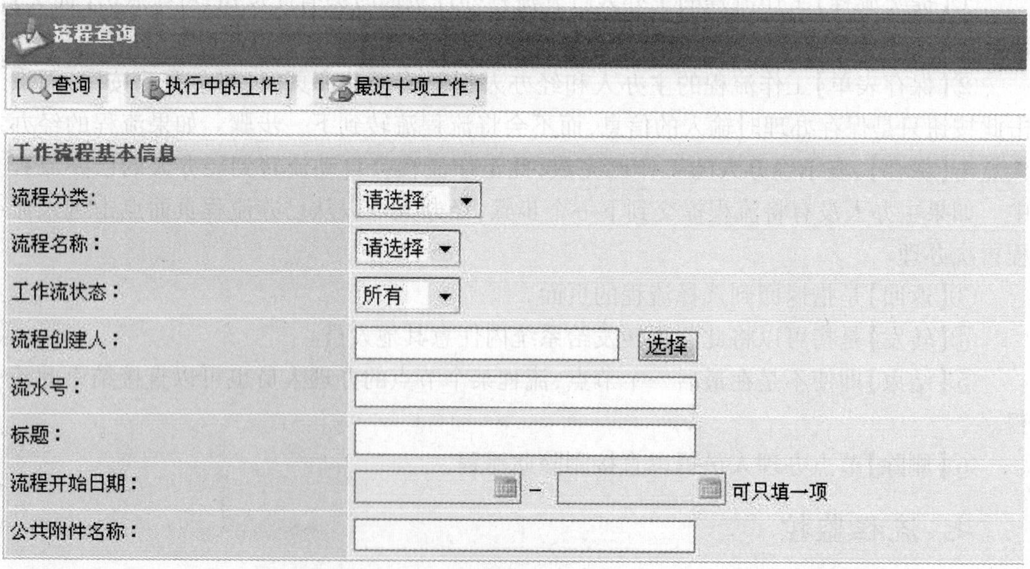

图 2.5.23

实验六

我的文档

知识文档包括个人文档、公共文档以及网络硬盘和网络图片。创建个人文件和公共文件，不仅可以输入 Html、Word、Excel 三种类型的文档，还可以上传多种类型的附件。如果你上传的附件是 Word、PPT、Excel 类型的文档，系统还提供了在线编辑功能，并且可以控制是否禁止查看者拷贝、是否保留编辑痕迹等。

一、个人文档

1. 用户可独立建立属于个人的文件夹目录

点击【查看文件】，可直接在目录上点击【添加】【删除】【修改】，如图 2.6.1 所示。【添加】是指在此目录下新建下一级的目录；【删除】是删除此目录；【修改】是修改此目录名称。以此类推，用户可建立多级的文件夹目录，以方便存放自己的文档。

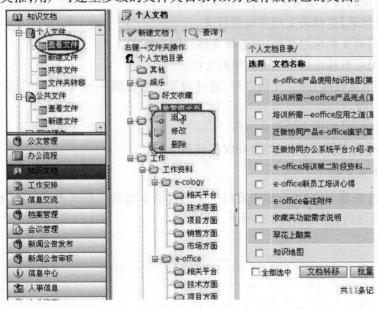

图 2.6.1

2. 新建个人文档

指在个人文档目录中添加新建具体的文档内容。

(1)点击【新建文档】,或者在【查看文档】的页面上点击【新建文档】,如图 2.6.2 所示。

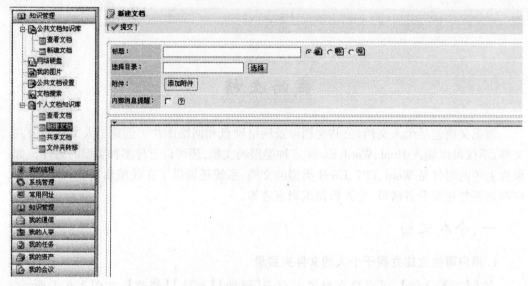

图 2.6.2

(2)在页面右侧需填写文档的一些属性内容。

①【选择目录】选择该文档存放的目录。

②【标题】即文档标题名称,并选择文档的属性格式。

③【附件】可直接添加本地电脑中的文件。

④【内部消息提醒】建立文档以后,通过内部消息提醒一些人,并同时给予这些人员查看文档的权限。

⑤【空白部分】编辑文档正文内容。

(3)点击【提交】即可将文档自动保存到系统中。

3. 查看个人文档

(1)点击【查看文件】可分别查看每个文档目录下面的文档列表,点击文档名称链接可查看文档具体内容,如图 2.6.3 所示。

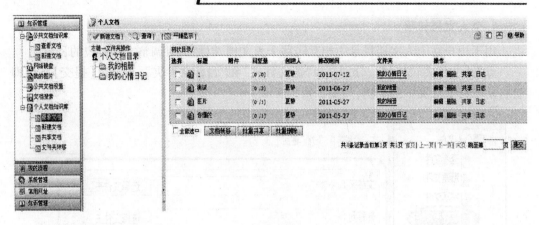

图 2.6.3

（2）在页面右侧需填写文档的一些属性内容。

①【编辑】点入后可直接修改文档内容。

②【删除】可删除此文档。

③【共享】可单独打开权限分享给其他公司员工。

④【日志】列出所有用户对此文档编辑、修改、查看的时间。

4. 查看共享个人文档

点击【共享文档】，可分别查询"其他员工共享给我的文档"或"我共享给其他员工的文档"，在选择"共享方式"后，提交即可，如图 2.6.4 所示。

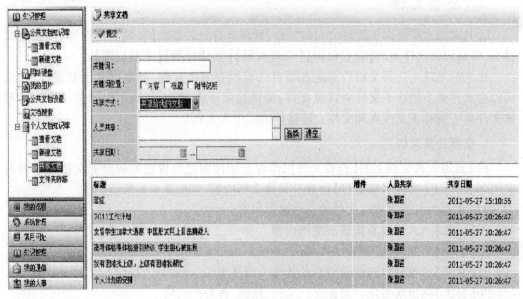

图 2.6.4

5.个人文档转移

用于用户在个人文档目录中相互转移个人文档,以便及时调整文档对应的目录。

点击【文件夹转移】后,分别选择"源文件夹"和"目标文件夹",再点击【提交】系统即会自动转移文件夹中的文档,如图2.6.5所示。

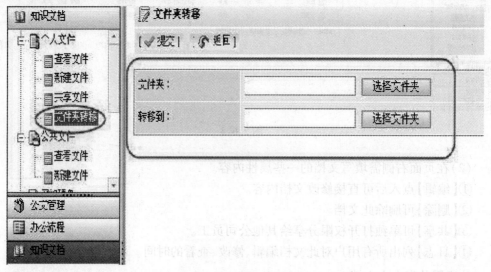

图2.6.5

二、公共文档

公共文档主要是用于管理公司的文件,管理者首先需要在【公共文档设置】中创建文件夹,并且设置文件夹的【查看权限】【管理权限】【新建权限】【下载权限】。

每个员工进入公共文档后只能查看自己有权查看的文件:如果被赋予新建权限,就可以在文件夹下创建子文件夹以及文件;如果被赋予管理权限,则可以编辑、删除、转移该文件夹下所有子文件夹和文件。转移功能同个人文档。

1.查看公共文档

(1)点击公共文档下的【查看文件】,即可分别按照已经设定好的企业文档目录查看文档列表,点击【文档名称链接】可查看具体文档内容,如图2.6.6所示。

(2)在页面右侧需填写文档的一些属性内容。

①【编辑】点入后可直接修改文档内容。

②【删除】可删除此文档。

③【共享】可单独打开权限分享给其他公司员工。

④【日志】列出所有用户对此文档编辑、修改、查看的时间。

162

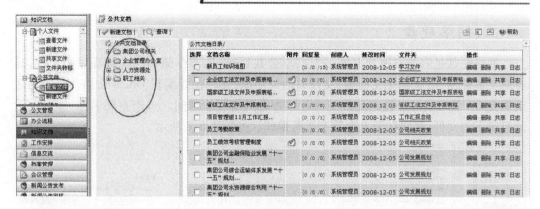

图 2.6.6

2.新建公共文档

步骤同"新建个人文档",只不过这里选择的目录是公共文档目录。

3.公共文档回复

点击查阅了某篇文档之后,如果事先设置时,设置用户拥有对该篇文档的回复权限,那么用户就可以直接在文档下面进行回复,同时也可以查看到该篇文档的其他回复,如图 2.6.7 所示。

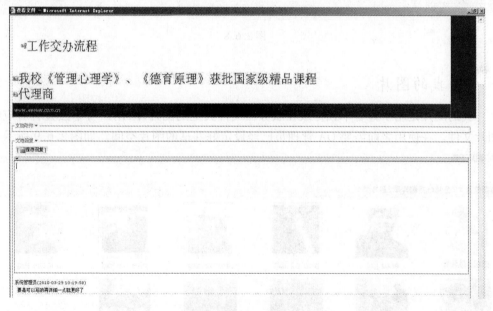

图 2.6.7

三、网络硬盘

网络硬盘是服务器硬盘上的一个共享公共目录,用于存储一些应用程序和文件,具有对文本和 Word 文档全文检索、文件移动等功能,允许在线编辑 Office 文档。在使用之前需要 OA 管理员已经设定允许用户可以查看网络硬盘空间。点击空间名称,即可查看此目录下的文件,如同在个人电脑上进行操作。如图 2.6.8 所示。

图 2.6.8

四、我的图片

我的图片是用于查看单独存放在服务器文件夹上的图片库,用户可单独查看对应的图片文件。在使用之前需要 OA 管理员已经设定好共享的图片空间。如图 2.6.9 所示。

图 2.6.9

五、公共文件设置

1、建立公共文件夹目录

点击【公共文件设置】，会出现整个公共文档目录。可以单独点击【新建文件夹】并填写对应的上级目录、文件夹名称和开放方式（此定义详见下文【基本设置】中的描述）；也可以直接在目录右键点击【添加】，输入文件夹名称或者【修改】【删除】。如图2.6.10所示。

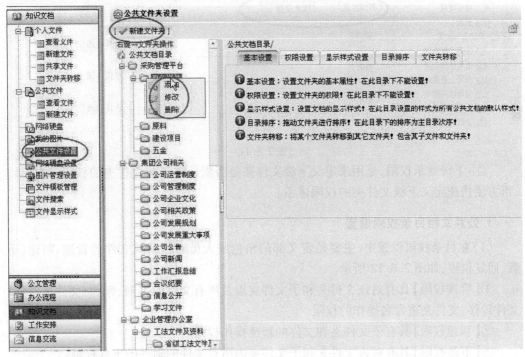

图 2.6.10

2. 公共文档目录基本设置

在与目录对应的【基本设置】中，重点是需要确认开放方式。开放方式是指文件夹、子文件夹以及所有文件的查看权限，同时也是子文件夹以及所有文件操作权限的指定范围，即可供"权限设置"中所调用，请见权限设置，如图2.6.11所示。

开放方式可分为两种。

（1）全体人员：代表所有员工均可以查看此文件夹下的子文件夹和文件。

（2）指定范围：可分别按照"指定部门""指定角色""指定用户"拥有查看权限。

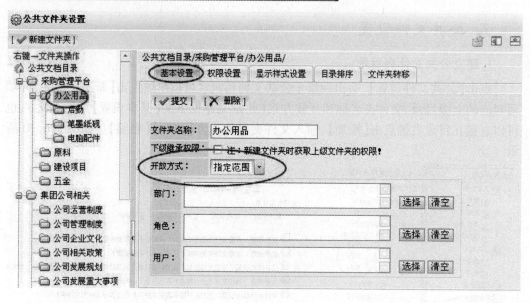

图 2.6.11

注:下级继承权限,是用来定义下级文件夹是否默认继承此文件夹的权限,勾选后可方便快速定义下级文件夹的权限体系。

3.公共文档目录权限设置

(1)在目录权限设置中,主要是定义部门角色或人员对目录或文件的管理、新建、下载、回复权限,如图 2.6.12 所示。

①【管理权限】具有对该文件夹和子文件夹以及所有文件的编辑、删除、文件夹转移、文件转移、文件夹重命名操作的权限。

②【新建权限】具有子文件夹和文件的新建操作权限。

③【下载权限】具有对该文件夹和子文件夹内所有文件的附件的下载权限。

④【回复权限】是指具有对查看的文档进行回复的权限。

(2)定义的权限范围是依据【基本设置】中的开放方式,即只有对此目录具有查看权限,才能有管理、新建、下载、回复的权限。

4.公共文档目录显示样式设置

用来对此目录下的文档默认显示样式,默认显示样式需要预先在"文件显示样式"中进行定义。设置时只需选择"显示样式"即可。若此处没有定义,则此文件夹的文档会按照初始化的公共文档默认样式显示,如图 2.6.13 所示。

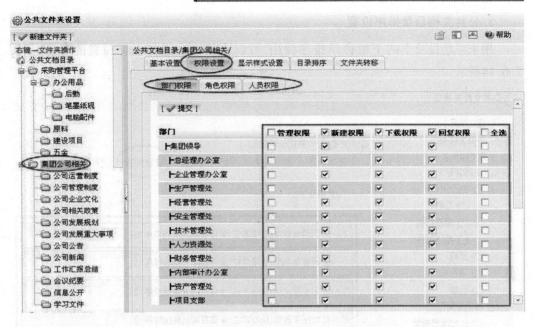

图 2.6.12

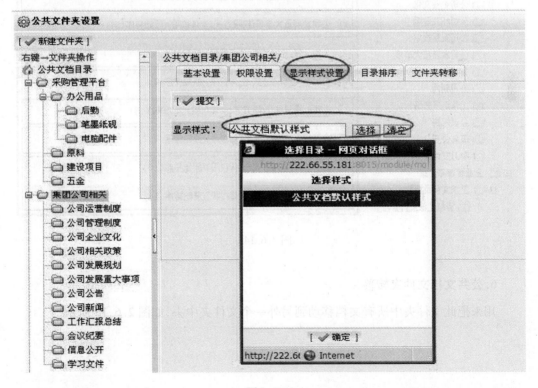

图 2.6.13

5.公共文档目录排序设置

用来对此目录下的下级目录排序使用,可以直接拖动进行上下位置的移动,如图2.6.14所示。

图2.6.14

6.公共文档文件夹转移

用来把此文件夹中所有文档移动到另外一个文件夹中去,如图2.6.15所示。

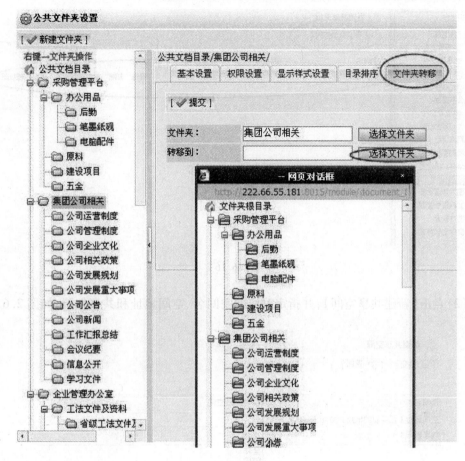

图 2.6.15

六、网络硬盘设置

共享空间就是在服务器上设置的作为大家公用的一个文件夹。

（1）在服务器上创建文件夹，然后在这里输入空间名，以及空间名在服务器上对应文件夹的完整路径，最后为共享空间设置权限范围（全体、部门、个人），如图 2.6.16 所示。

共享空间权限指对文件夹、子文件夹以及所有文件的查看权限，同时也是对子文件夹以及所有文件操作权限范围的指定。操作权限包括【管理权限】【上传权限】，管理权限者具有对子文件夹以及文件夹下所有文件（包括子文件夹的文件）的【创建】【编辑】【修改】【查看】【复制】【移动】【删除】【下载】操作的权限。【上传权限】是对文件夹以及子文件夹下上传任意文件的权限。如果共享权限选择人员在返回文件夹列表时，打开【指定可访问人员】页面，被选择的某人或某一群人具有对文件以及子文件夹下所有文件的查看权限，同时也属于【管理权限】以及【上传权限】选择的候选人员。

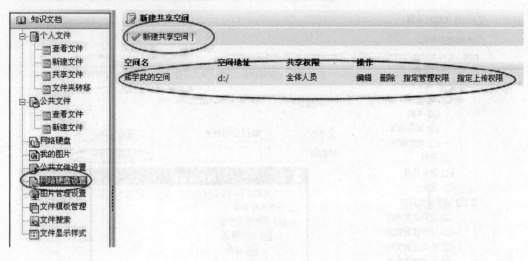

图 2.6.16

（2）点击【新建共享空间】，并指定对应的空间名、空间地址和共享权限，如图 2.6.17 所示。

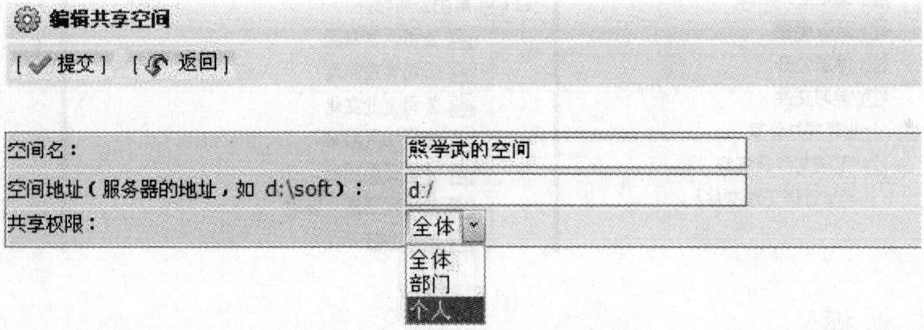

图 2.6.17

七、图片管理设置

将服务器上存放图片的文件夹，设置为客户端任意查看和下载的目录。

（1）点击【新建图片目录】，在图片路径中必须输入服务器上文件夹的绝对路径，如图 2.6.18 所示。

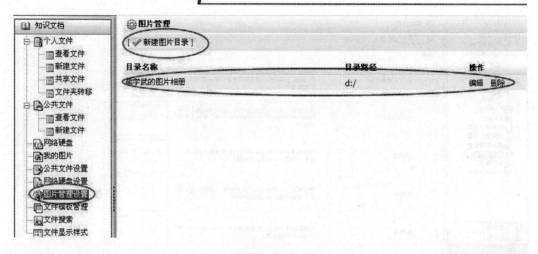

图 2.6.18

(2)点击【新建图片目录】,并指定目录名称和图片目录路径,如图 2.6.19 所示。

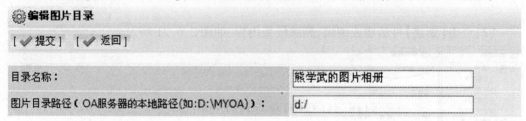

图 2.6.19

八、文档模板管理

定义公司常规情况下制作文档可调用的编辑模板,可方便用户新建文档及快速调用公司统一的模板库。用户设定好相关的模板后,可以在创建文件、邮件、Word 附件、流程表单、新闻、通告、日志中调用"模板"功能。这样可以统一系统文档应用格式,规范工作机制。

模板的管理界面如图 2.6.20 所示,在此新建公共模板,可以被系统中任何 html 格式的文档调用。

(1)点击【文件模板管理】,可查看已有的文档模板。

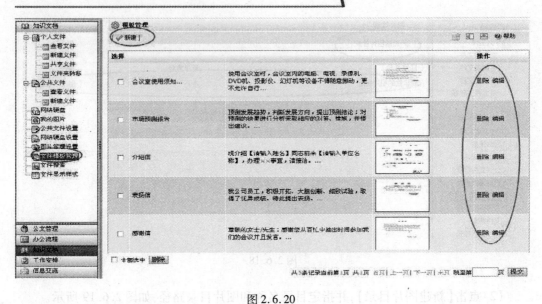

图 2.6.20

(2)点击【新建】可新建或编辑、删除模板内容,如图 2.6.21 所示。

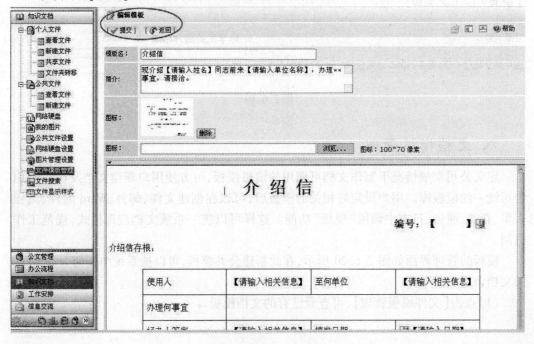

图 2.6.21

(3)工作中,用户可直接调用文件模板管理中的模板,快速制作文档,如图 2.6.22 所示。

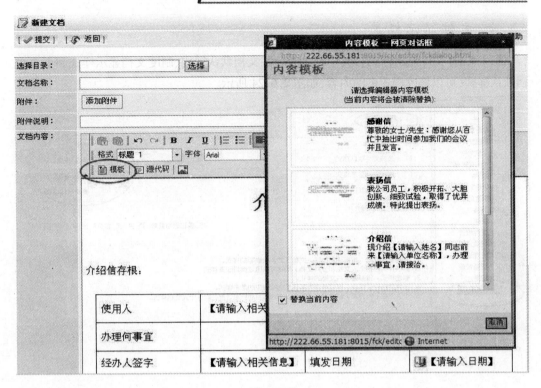

图 2.6.22

九、文档搜索

通过搜索条件可以搜索到权限范围内你想要查看到的任意文档,包括个人文档以及公共文档,这些文档包括自己创建的,别人创建但自己有查看权限的,自己参与的流程归档文件以及其他人共享给自己的文件,如图 2.6.23 所示。

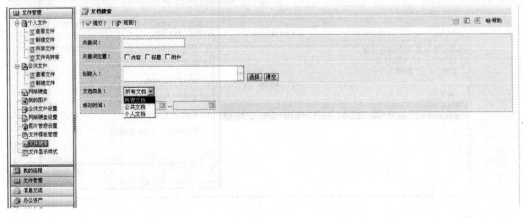

图 2.6.23

十、文件显示样式

（1）点击【文件显示样式】，其中默认有公共文档默认样式、制度文档显示样式和个人文档默认样式，可以修改样式中的内容，如图 2.6.24 所示。

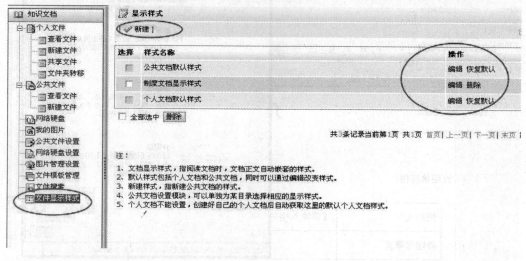

图 2.6.24

（2）点击【新建】可增加新的显示样式。

（3）可以先统一设置好文档的总体部署，之后再按照规格加入所需要展现的字段内容。其中"标题""内容"是必须加入进去的，否则用户将无法查看到文档内容，如图 2.6.25 所示。

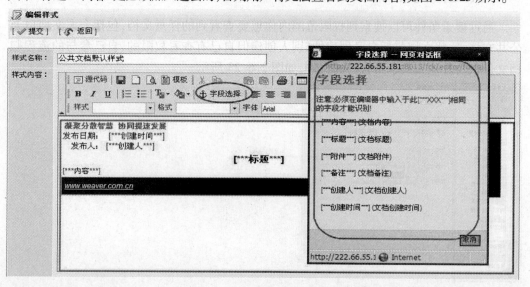

图 2.6.25

练 习

1. 根据组织机构为每个部门建立文件夹。

2. 部门文件夹的开发方式:本部门及上级部门的人员。

(1)管理权限:部门部长。

(2)新建权限:部门的所有人。

(3)下载打印权限:本部门及上级部门的人员。

(4)回复权限:本部门及上级部门的人员。

实验七

我 的 通 信

一、内部邮件

只限于与公司内部员工进行的内部邮件的收发。

（1）【内部邮件】→【撰写新邮件】，选择员工收件人，填写"主题"和"内容"即可发送，如图2.7.1所示。

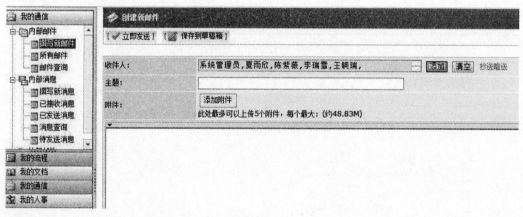

图2.7.1

（2）点击【所有邮件】可进行邮件查看、标志已读或导出等操作，如图2.7.2所示。

图2.7.2

（3）点击【邮件查询】可查询邮件相关信息，如图 2.7.3 所示。

图 2.7.3

二、内部消息

只限于与公司内部员工进行内部消息的收发，包含【撰写新消息】【已接收消息】【已发送消息】【消息查询】【待发送消息】。当收到消息时系统会自动以弹出框方式及时提醒用户。

（1）点击【内部消息】→【撰写新消息】，填写"主题"和"内容"即可发送，如图 2.7.4 所示。

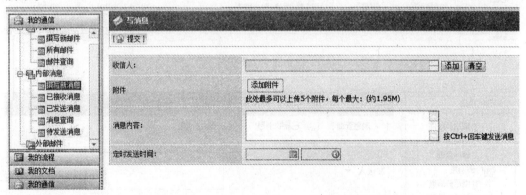

图 2.7.4

（2）点击【已接收消息】可查看系统或其他员工发给本人的消息，如图 2.7.5 所示。

（3）点击【已发送消息】可查看通过系统或本人手动发送的消息内容，如图 2.7.6 所示。

（4）点击【消息查询】可搜索已发或已收历史消息，如图 2.7.7 所示。

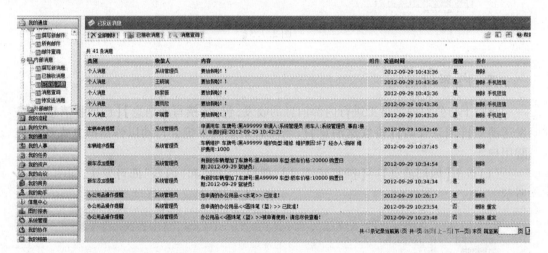

图 2.7.5

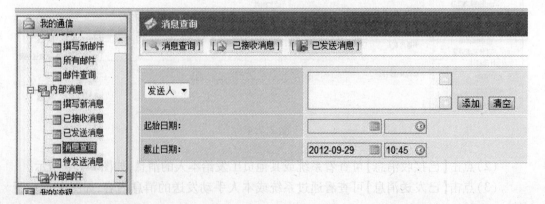

图 2.7.6

图 2.7.7

178

三、外部邮件

（1）点击【外部邮件】→【新建邮件账户】，填写相关内容，如图 2.7.8 所示。

图 2.7.8

（2）【保存】后，点击【登录】，输入邮件密码后即可进入邮箱，如图 2.7.9 所示。

图 2.7.9

实验八

我的人事

一、个人考勤

个人考勤可用于登记员工上下班情况、日常外出情况、请假情况、出差情况等。

上下班签到签退:在个人门户中点击【个人考勤元素】签到、签退进行个人工作考勤,如图 2.8.1 所示。

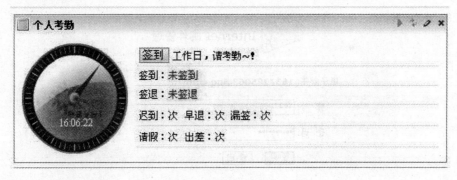

图 2.8.1

1.签到查询

点击【签到查询】,设定查询日期时间段,查询在这一段时间内的个人考勤情况,并可以通过表格的形式导出。如图 2.8.2 所示。

考勤日期	签到类型	签到时间	签退时间	签到状态	签退状态	校验状态	校验
2012-09-26	工作日考勤	14:13	14:16	迟到(313.13分钟)	早退(223.3分钟)	未申请校验	申请
2012-09-27	工作日考勤	12:53	12:53	迟到(233.27分钟)	早退(306.65分钟)	未申请校验	申请
2012-09-29	工作日考勤	10:00		迟到(60.27分钟)	未签退	未申请校验	申请

图 2.8.2

180

2. 外出登记

点击【外出登记】，并分别填写"外出原因""开始时间""归来时间""审批人"，如图 2.8.3 所示，填写完成后提交【申请外出】即可。系统会根据设定的"审批人"自动提交申请并审批，通过后就会记录这一外出的情况。

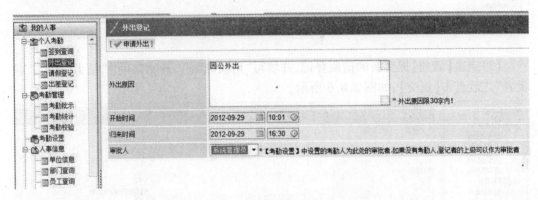

图 2.8.3

注：审批人是由考勤管理员预先设定好的。

另外，在提交的外出申请登记未被领导批示之前，本人还可以自行撤销申请，如图 2.8.4 所示。

图 2.8.4

3. 请假登记

点击【请假登记】，首先看到的是本人的过往请假记录表，整个请假过程可分为几个状态和步骤：请假登记、领导未批示、领导已批准、申请销假、销假批准，只有销假批准之后这次请假申请才能完成。

（1）请假记录表如图 2.8.5 所示。

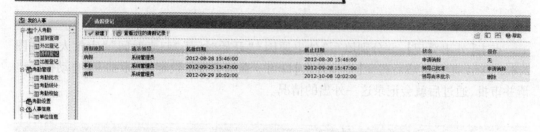

图 2.8.5

（2）点击【新建】提交新的请假登记，并填写"请假原因""开始时间""结束时间""审批者"之后点击【提交】，如图 2.8.6 所示。

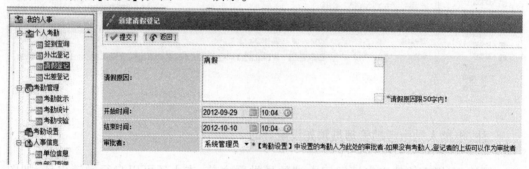

图 2.8.6

（3）可以查询以往的请假记录（即销假通过之后），如图 2.8.7 所示。

图 2.8.7

4.出差登记

（1）点击【出差登记】→【新建】，并填写"出差地点""起始日期""截止日期"后点击【提交】，即可把本次出差记录下来，待出差回来后，再点击【归来】确定，则完成整次出差记录，如图 2.8.8 所示。

（2）出差归来确定后如图 2.8.9 所示。

（3）点击【查看过往的出差记录】可查看个人出差记录，如图 2.8.10 所示。

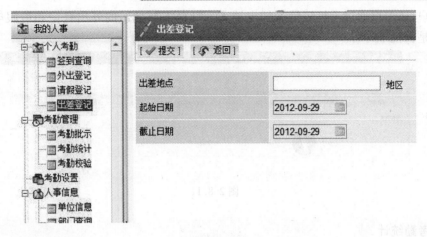

图 2.8.8

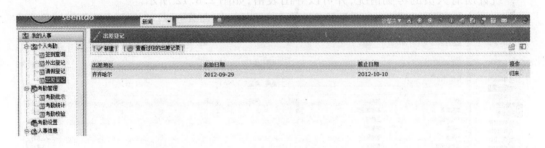

图 2.8.9

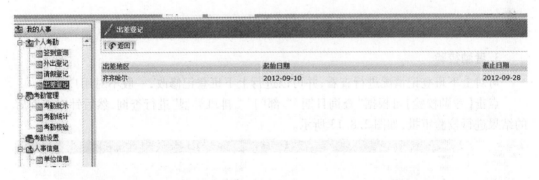

图 2.8.10

二、考勤管理

考勤管理主要供考勤管理员专职使用,便于其对【个人考勤】中提交的申请进行审批处理,以及统计个人考勤数据和校验修改有误个人考勤数据。

1. 考勤批示

对于员工的请假、外出申请,在此进行审批,如图 2.8.11 所示。对于集成了手机短信的用户,还可以通过手机短信通知申请人。针对需要批示的外出登记和请假申请,只需确认是否批准即可。

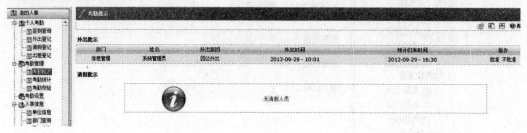

图 2.8.11

2. 考勤统计

统计所有人员的考勤情况,并可以导出表格,如图 2.8.12 所示。

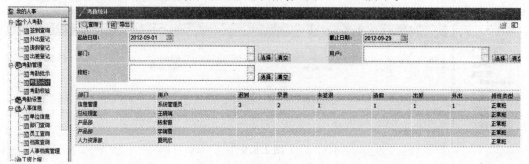

图 2.8.12

3. 考勤校验

可对上下班登记情况进行查看,并可以进行上下班登记修改,一般不对用户开放。

点击【考勤校验】可根据"查询日期""部门""排班类型"进行查询,然后针对查询后的结果进行校验审批,如图 2.8.13 所示。

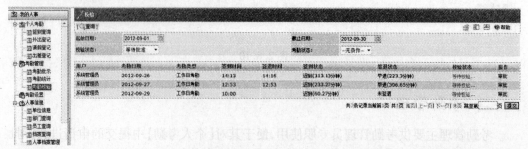

图 2.8.13

三、考勤设置

【考勤设置】包括【设置排班】【设置假期】【设置考勤人员】。

(1)【设置排班】可以根据公司的具体需求,设置早班、中班、晚班考勤时间管理,如图2.8.14 所示。

图 2.8.14

(2)【设置假期】设置公司考勤中法定节假日、年假、双休日等考勤时间的安排,如图2.8.15 所示。

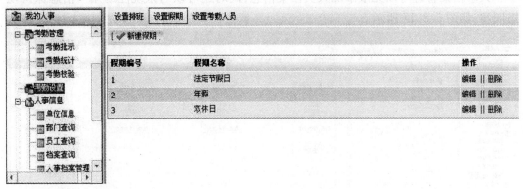

图 2.8.15

(3)【设置考勤人员】设置考勤管理监督人员,进行考勤批示处理,如图 2.8.16 所示,包括外出登记、请假审批、销假审批等。

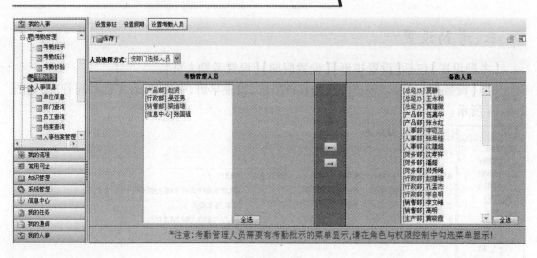

图 2.8.16

四、人事信息

1. 人事档案管理

人事档案管理可以无限添加人员档案信息,同时还可以与系统注册用户信息保持动态同步,如图 2.8.17 所示。

图 2.8.17

注:【档案管理】及【系统管理】与【用户管理】是不一样的概念。前者只是单纯的人事信息的记录,而【用户管理】则是可以建立登录系统的人员账号。

2. 人事信息查询

人事信息查询包含【单位信息】【部门查询】【员工查询】(指系统注册用户的信息),如图 2.8.18 所示。

图 2.8.18

五、工资上报

【工资上报】是系统默认的各部门上级对下级的工资进行的上报,平级之间一般不能进行工资上报,但拥有多部门管理范围的高层管理人员(根据人员角色序号大小和管理范围确定),可以进行下级的工资上报,最后可在【工资管理】的【管理上报工资】中生成工资报表。如图 2.8.19 所示。

(1)上报时根据已经可以上报的事项(由工资管理员在【工资管理】中已经设定好),单独上报工资。

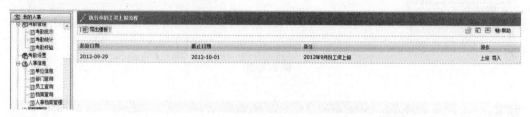

图 2.8.19

(2)根据对应的权限分别上报,或可以直接导入。

①【工资上报】主要功能是设置工资的项目以及对工资上报进行管理(如每月工资上报流程),如图 2.8.20 所示。

②【我的工资】员工可直接查看已经上报完成的工资情况。

六、工资管理

(1)【定义工资项】可以新建工资项目以及进行金额的预设。点击【工资管理】→【定义工资项】可直接增加工资项目名称和预设金额,或直接在工资管理下修改已有的工资项,如图 2.8.21 所示。

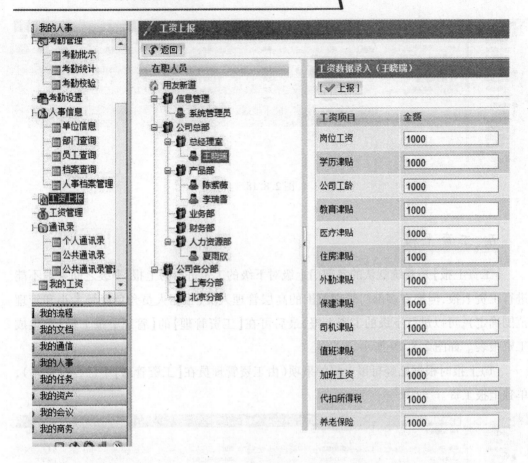

图 2.8.20

图 2.8.21

(2)【工资上报管理】不仅可以设定每月工资上报的时间段,还可以通过 OA 内部短信对相关有权限的人员进行提醒,如图 2.8.22 所示。点击【工资管理】→【管理上报工资】即可。

图 2.8.22

(3)【管理上报工资】中可直接新建或终止工资上报流程,或查看已上报的工资报表,如图 2.8.23 所示。

图 2.8.23

七、通讯录

【通讯录】包含【个人通讯录】【公共通讯录】【公共通讯录管理】。【公共通讯录】的内容由系统管理员设定。

1.个人通讯录

(1)【个人通讯录】可查看个人通讯录信息和新建联系人,如图 2.8.24 所示。

图 2.8.24

（2）【个人通讯管理】可进行个人通讯录信息的导入、导出、分组管理,如图 2.8.25 所示。

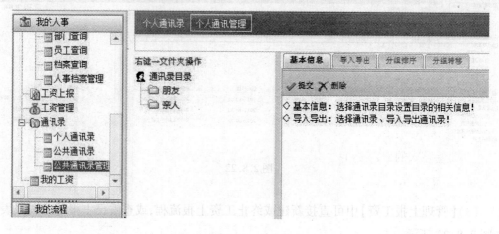

图 2.8.25

2. 公共通讯录

【公共通讯录】可查看、查询联系人或新建联系人,如图 2.8.26 所示。

	姓名	性别	所属组	备注	序号	部门	手机号	生日	城市
☐	赵冬阳	男	同事		0				上海
☐	张乐乐	男	同事		0				上海
☐	萧雨	女	客户		0				无锡
☐	黄天成	男	客户		0				上海
☐	吴永中	男	客户		0				南京
☐	张虎军	男	客户		0				北京
☐	李唐安	男	客户		0				苏州
☐	胡军旗	男	客户		0				天津
☐	李空云	男	客户		0				广州
☐	孟成功	男	客户		0				合肥

图 2.8.26

3. 公共通讯录管理

【公共通讯录管理】可进行公共通讯录的分类管理和数据的批量导入、导出,如图 2.8.27所示。

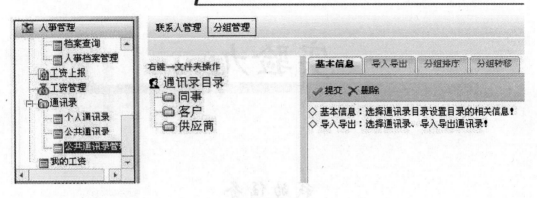

图 2.8.27

注:批量导入的表的格式参考与导出的字段排列格式。

八、我的工资

【我的工资】可以查看自己的各项收入记录,如图 2.8.28 所示。

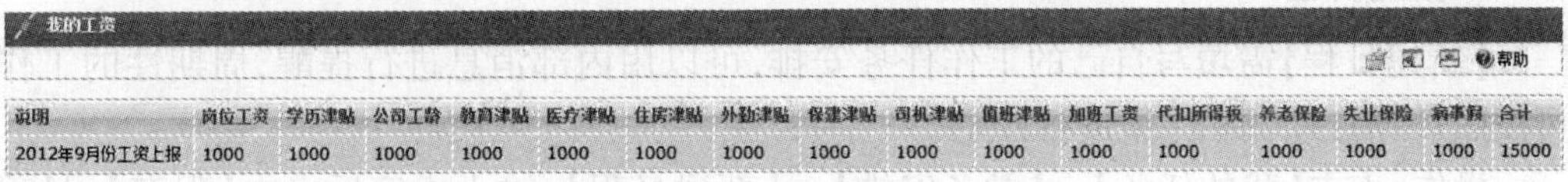

说明	岗位工资	学历津贴	公司工龄	教育津贴	医疗津贴	住房津贴	外勤津贴	保建津贴	司机津贴	值班津贴	加班工资	代扣所得税	养老保险	失业保险	病事假	合计
2012年9月份工资上报	1000	1000	1000	1000	1000	1000	1000	1000	1000	1000	1000	1000	1000	1000	1000	15000

图 2.8.28

实验九

我 的 任 务

一、常务安排

常务日程安排主要用于管理个人对工作进行的详细安排,并可设定需要协作的人员,一起完成此事项。

1. 新建日程

【新建日程】需填写自己的工作任务安排,可以用内部消息进行提醒,周期性的工作可按照日、周、月、季度、年进行设定。

操作:点击【我的任务】→【常务安排】→【新建日程】,输入内容后点击【保存】,日程建立完成。如图2.9.1所示。

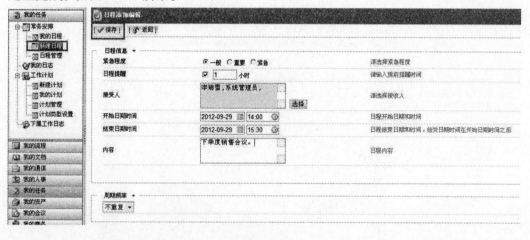

图2.9.1

2. 我的日程

【我的日程】可用于查看个人的工作日程安排。可按照日、周、月来查看日程安排,并可查看其他人员安排的工作日程。

操作:(1)点击【我的任务】→【常务安排】→【我的日程】,单击右键便可以直接输入

192

日程,如图 2.9.2 所示。

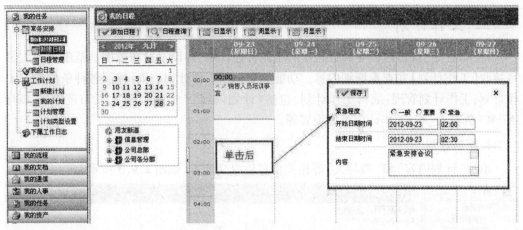

图 2.9.2

(2)【保存】后便可以在【我的日程】中进行查询,且可以查看更多的信息,如图2.9.3
所示。

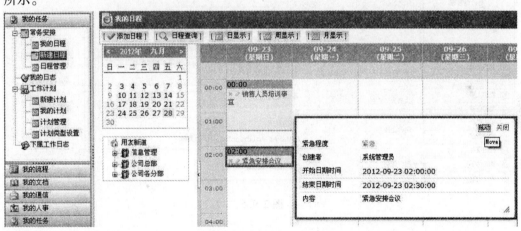

图 2.9.3

3. 日程管理

【日程管理】可修改已经建立的日程,或者删除历史日程安排,如图 2.9.4 所示。

图 2.9.4

193

二、工作计划

【工作计划】提供给领导制订相应的工作管理计划,并设定发布范围。范围内的人员可接收【工作计划】并查看详细内容。功能主要包括工作计划查询:按照各种条件查询工作计划;工作计划管理:编辑工作计划,包括"计划内容""生效时间""发布范围""参与人"和"负责人"等;工作计划类型设置等。

1. 新建计划

填写"计划内容"和"参与人"等相关信息后提交即可,如图2.9.5所示。

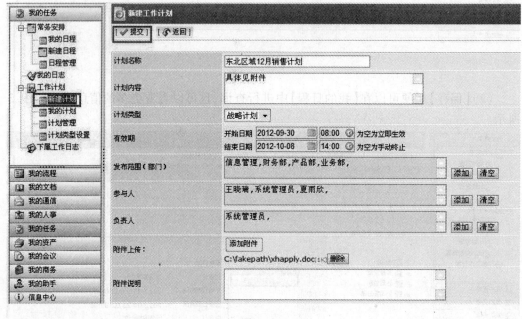

图2.9.5

2. 我的计划

【我的计划】可以查看已经安排的计划内容,并查看对应的状态,同时可以查看整个部门的工作计划,如图2.9.6所示。

3. 计划管理

【计划管理】可对建立的计划进行生效、终止处理,如图2.9.7所示。

4. 计划类型设置

【计划类型设置】用来设置新建计划的类型,使不同性质的计划内容更清楚,如图2.9.8所示。

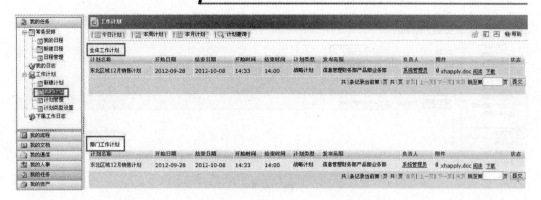

图 2.9.6

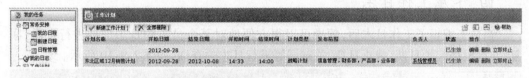

图 2.9.7

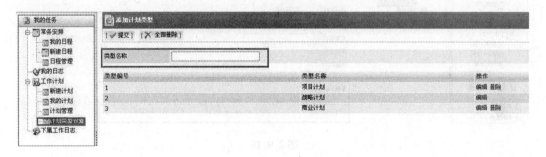

图 2.9.8

三、我 的 日 志

用来记录每天的工作实际进展情况,并实时向上级领导汇报。

【我的日志】是非常实用的记事工具:采用 Html 编辑器,可进行文字的排版;每天可进行多篇日志的建立,并可分为个人日志和工作日志;提供日志查询和领导对员工日志查看的功能。新建日志时可选择日志类型和对应的工作日期,并详细记录工作日志内容,如图 2.9.9 所示。

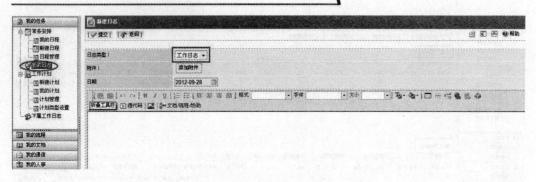

图 2.9.9

四、下属工作日志

当员工编辑了工作日志后,领导可以很方便地对某个员工的日志信息进行查看、回复,并可根据起始日期、截止日期、关键词等进行日志的查询,如图 2.9.10 所示。

图 2.9.10

注:需按照人员信息进行查询。

练 习

1. 系统管理员登陆,建立 2013 年 6 月 2 日 8:00~12:00 的工作日程,紧急程度"一般",内容为"员工培训"。

2. 新建"商业计划"。

实验十

我的商务

一、商务管理

1. 客户信息管理

统一维护客户资料,可新建、编辑、删除客户资料,同时也可以查看此客户下对应的联系人列表,如图 2.10.1 所示。

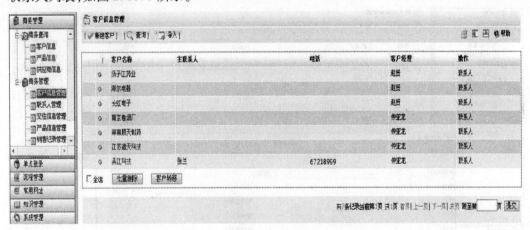

图 2.10.1

点击【新建客户】添加客户详细信息,填写完成后单击【保存】,如图 2.10.2 所示。

2. 联系人信息管理

统一维护客户下的联系人资料,可新建、编辑、删除联系人资料,同时可查询此联系人所对应的客户名称,如图 2.10.3 所示。

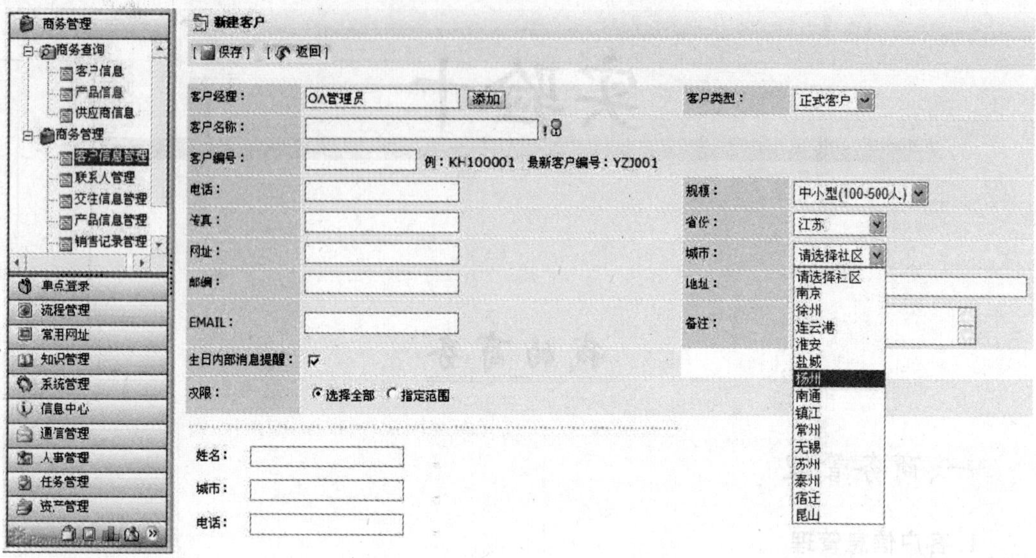

图 2.10.2

图 2.10.3

3. 交往信息管理

用于记录与客户日常沟通的交往情况,可新建、编辑、删除交往信息,并可查看到此交往信息所对应的客户和联系人,如图 2.10.4 所示。

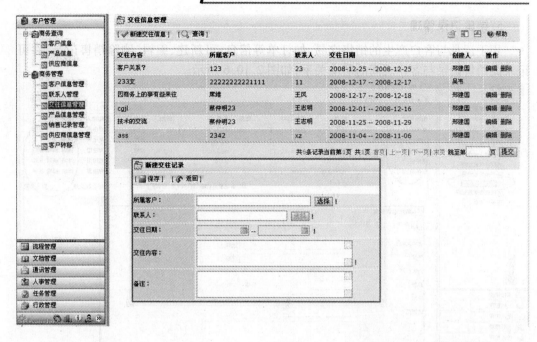

图 2.10.4

4. 产品信息管理

统一维护供应商所提供的产品资料,可新建、编辑、删除产品信息,并可查看到此产品所对应的供应商,如图 2.10.5 所示。

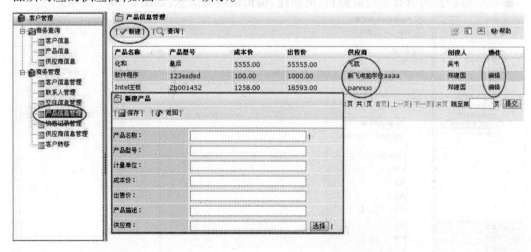

图 2.10.5

5. 销售记录管理

用于记录与客户产生的销售交易,如订单等信息,可新建、编辑、删除销售记录,并可记录此销售记录与客户之间的对应关系,如图2.10.6所示。

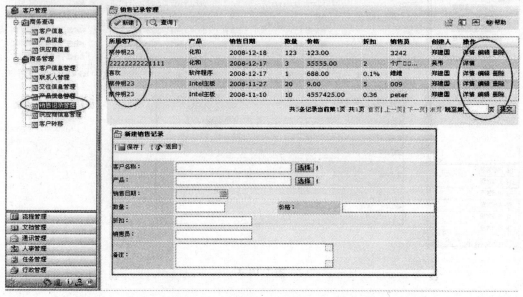

图2.10.6

6. 供应商基本信息管理

统一维护公司所有供应商资料,可新建、编辑供应商信息,如图2.10.7所示。

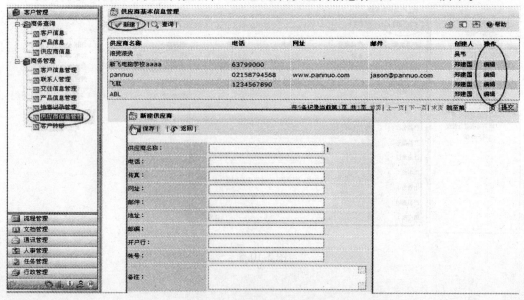

图2.10.7

200

7. 客户转移

在管理客户过程中,当有人员变动时,需要更换管理其客户的负责人时可使用此功能,如图 2.10.8 所示。

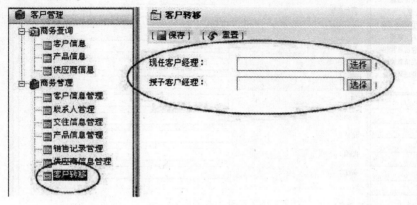

图 2.10.8

二、商务查询

1. 客户信息查询

用于查询客户资料,可根据客户属性分别查询客户名单,并可导出 Excel 表格文件,同时可针对查询出来的客户列表,单独查询此客户对应的联系人、交往记录和销售记录,如图 2.10.9 和 2.10.10 所示。

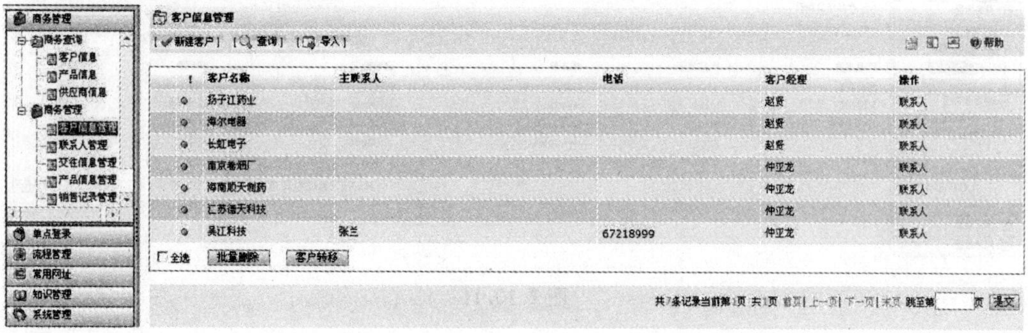

图 2.10.9

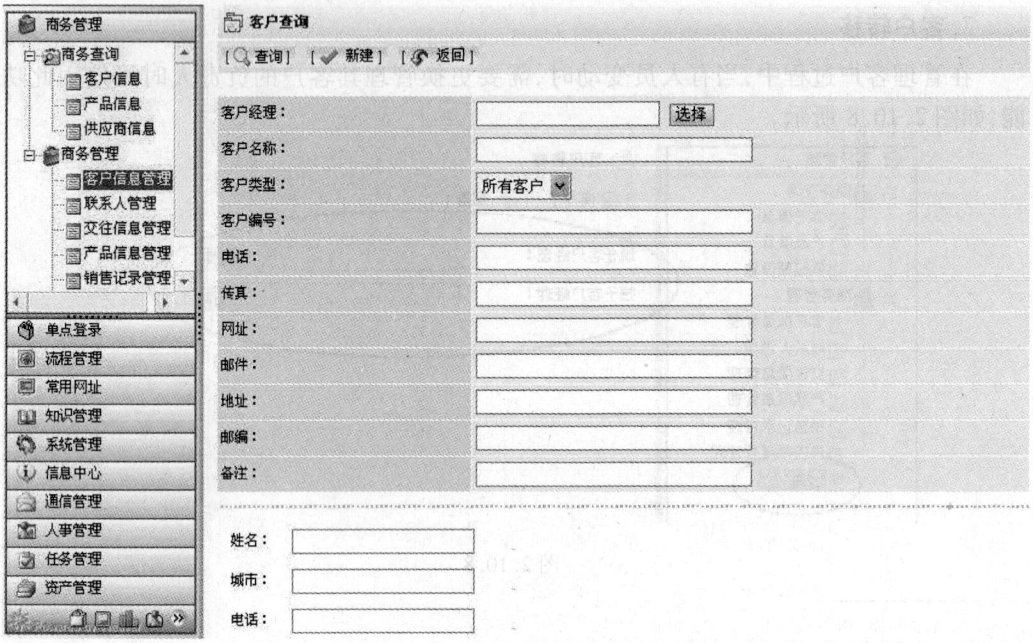

图 2.10.10

2. 产品信息查询

用于查询供应商所提供的产品资料,查询出来的产品均会对应其供应商,如图 2.10.11所示。

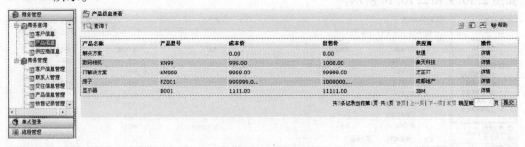

图 2.10.11

3. 供应商信息查询

用于查询供应商基本信息资料,在查询结果中可直接查询此供应商及其所卖产品的信息,如图 2.10.12 所示。

图 2.10.12

练 习

在【我的商务】中，录入以下信息：

表 2.10.1

类别	客户经理	客户类型	客户名称	规模	地点	查看权限	联系人	性别	职位	手机
客户信息	刘文会	正式客户	黑龙江东方有限公司	中小型	黑龙江省哈尔滨	本人及本部部长	贾红利	男	采购主管	13946137888
	刘红丹	重要客户	黑龙江中昂集团	大型	黑龙江省哈尔滨	本人及本部部长	何盼	女	总经理	15046687900
	朱峰	潜在客户	畅捷软件	中型	黑龙江省哈尔滨	本人及本部部长	周薇	女	总经理	18017925261

类别	名称		电话
供应商信息	哈尔滨新天地文化用品		84354144

表 2.10.2

类别	编号	产品名称	计量单位	供应商	销售单价	成本
笔类	000001	中性笔（蓝）	支	哈尔滨新天地文化用品	1.5	1
	000002	钢笔	支		9	6
本类	000003	笔记本	本		5	3.5
	000004	活页笔记本	本		20	15
纸类	000005	活页笔记本内页	本		10	7
	000006	A4 纸	包		30	28

203

实验十一

我的资产

一、办公用品管理

办公用品管理包括【入库管理】【领用管理】【批次管理】以及【办公用品管理】。办公用品管理员可以新建【办公用品类别】,填写名称以及设置入库单管理权限;其他员工只可以有领用权限。申请领用的办公用品达到【库存警示】时,会触发短信提醒有权审批的人员,同时提供办公用品入库、出库以及借用和领用的报表。

①办公用品申请可分为借用和领用。借用会有个期限,到期时使用人必须交还该用品,且系统短信息会提醒借用人归还;领用则无时间期限。

②所有显示页面都会有批量删除、全选以及翻页功能。

③库存数量低于设定的警示库存量时,系统会提醒办公用品管理员。

(1)【定义类别】用来对办公用品进行分类管理,可查看已经建立的办公用品类别,也可新建、修改或删除类别。如图 2.11.1 所示。

图 2.11.1

(2)【基本资料】用来维护描述办公用品的基本资料,可查看已经建立的办公用品基本资料,也可新建、修改或删除资料。如图 2.11.2 所示。

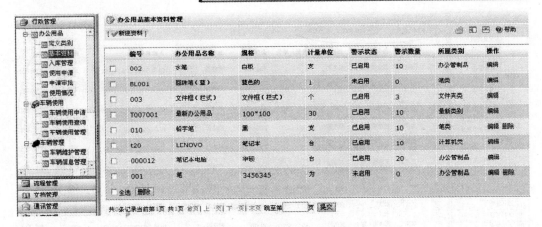

图 2.11.2

其中,新建、编辑办公用品资料的内容,如图 2.11.3 所示。

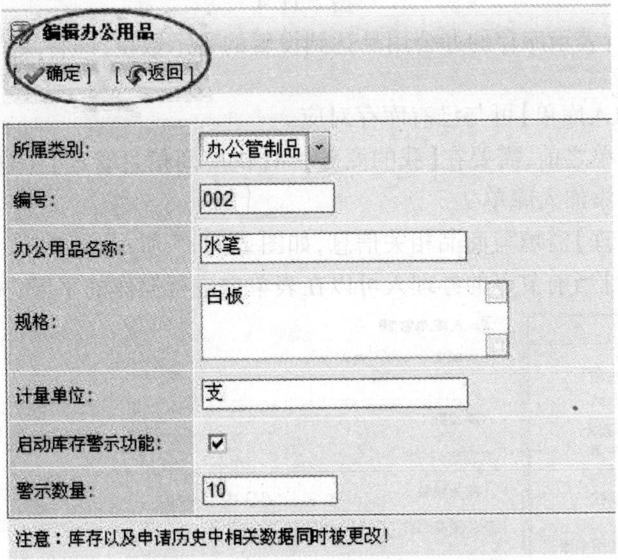

图 2.11.3

(3)【入库管理】是对购买进来的办公用品进行数量登记,可查看已有的入库单详细情况,如图 2.11.4 所示。

【当前库存】显示当前库存状态,可根据入库单的"入库的数量"更新"总库存"。如果该库存的办公用品领用或者借用被批准后,会同步更新"总库存";当借用者归还办公用品后,"总库存"会自动增加归还数量。

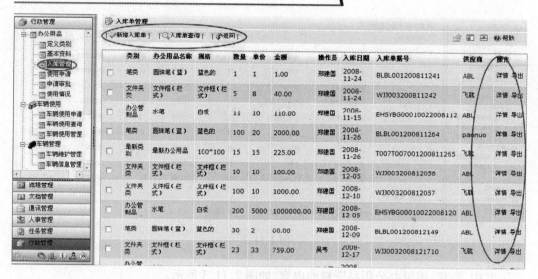

图 2.11.4

注:红色一行表示库存的办公用品达到设置的警示数量,即将缺货。

①【增加新的入库单】可与已有库存对应。

注:添加入库单之前,需要在【我的商务】→【供应商信息管理】中进行【新建供应商】的操作,否则不能添加入库单

②【入库单管理】需填写商品相关信息,如图 2.11.5 所示。

③【字段控制】当前节点的办理人可以在表单内进行操作的字段,见表 2.11.1。

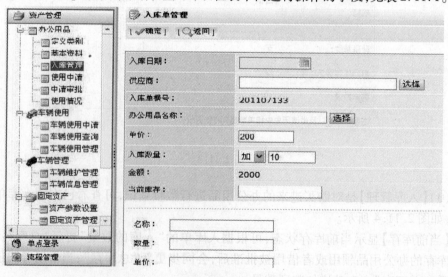

图 2.11.5

表 2.11.1　表单说明表

字段名称	功能说明
入库单据号	根据［办公用品编号］＋［日期］＋［流水号］自动生成
入库数量	库存数量是不会因入库单的删除而受到影响的。消除库存错账,只能通过添［加］［减］入库单进行修正。金额和当前库存系统会自动生成和获取。［加］－增加入库产品库存和金额;［减］－减少入库库存以及金额
金额	单价×数量
当前库存	当前该物品的库存总量,不包含当前入库单的数量内容

(4)【使用申请】普通员工可申请使用或借用办公用品,查看已提交处理的使用申请情况,如图 2.11.6 所示。办公用品的状态类型见表 2.11.2。

图 2.11.6

表 2.11.2　状态类型表

状态	领用	借用
审核中	可以删除申请	可删除申请
未通过	可以删除申请	可删除申请
已通过	不能修改和删除	可执行【归还】操作,到期后系统短信通知用户归还用品

注:只能查看自己的申请记录,不能查看其他人员的申请记录

①提交新的【使用申请】记录,确定"使用"还是"借用"方式,如图 2.11.7 所示。

②【字段控制】当前节点的办理人可以在表单内进行操作的字段,见表 2.11.3。

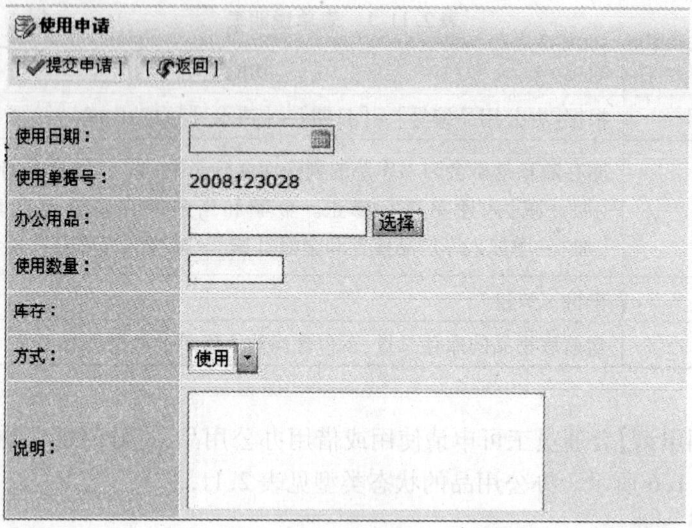

图 2.11.7

表 2.11.3　库存功能说明表

字段名称	功能说明
单据号	系统自动生成,不可更改
库存	根据选择的办公用品类别,系统自动获取当前库存状态。当领用数量用户的输入超过库存的数量时,系统将以库存最大数来显示
使用数量	不得大于当前库存数量
方式	分为借用和领用。当选择"借用"时,表单会自动提示填写[借用期限]字段
借用期限	默认是隐藏的,只有在"方式"选中"借用"时才会显示
说明	申请物品的原因

注:库存默认为不可更改的信息。在用户选择完"选择名称"后,系统会寻找对应的办公用品库存值。如果库存"小于3",库存一行将显示为红色状态,以提醒领用人库存的数量(库存数量警示是办公用品管理员预先设定的)

(5)【申请审批】对普通员工申请进行审批处理,可处理提交的申请,如图 2.11.8 所示。

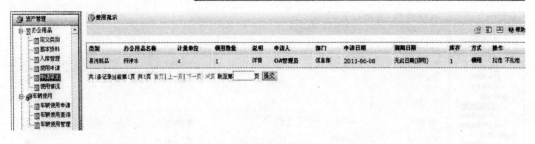

图2.11.8

（6）【使用情况】用来查看办公用品使用、借用的情况，如图2.11.9所示。

类别	办公用品名称	计量单位	使用数量	说明	使用者	申请日期	到期日期	申请单编号	库存	状态
文件夹类	文件框（拉式）	个	1	详情	郑建国(办公室)	2008-11-24	2008-11-24	200811242	133	已归还
笔类	圆珠笔（蓝）	1	5	详情	郑建国(办公室)	2008-11-28	2008-11-30	200811267	69	已归还
笔类	圆珠笔（蓝）	1	10	详情	郑建国(办公室)	2008-12-05	2008-12-05	2008120512	69	已归还
办公管制品	水笔	支	10	详情	郑建国(办公室)	2008-12-05	2008-12-05	2008120513	225	已归还
笔类	圆珠笔（蓝）	1	10	详情	郑建国(办公室)	2008-12-09	2008-12-09	2008120916	69	已归还
文件夹类	文件框（拉式）	个	3	详情	郑建国(办公室)	2008-12-16	2008-12-17	2008121417	133	已归还
计算机类	LENOVO	台	2	详情	郑建国(办公室)	2008-12-18	2008-12-20	2008121821	33	已归还
计算机类	LENOVO	台	3	详情	郑建国(办公室)	2008-12-24	2008-12-25	2008122422	33	已归还
办公管制品	水笔	支	1	详情	郑建国(办公室)	2008-12-24	2008-12-03	2008122623	225	已归还
办公管制品	水笔	支	12	详情	郑建国(办公室)	2008-12-27	2008-12-19	2008122725	225	已归还

共10条记录当前第1页 共1页 首页 上一页 下一页 末页 跳至第 □ 页 提交

图2.11.9

二、车辆使用管理

记录车辆使用的情况，并管理使用申请。

（1）点击【车辆使用申请】后，可以查看已有的车辆申请状况，在点击【车辆申请】后提交审批；可对已经申请并在使用中的车辆进行结束使用操作，对车辆进行归还，如图2.11.10所示。

（2）【车辆使用查询】可分别对"待批申请""已批申请""使用中车辆""未批申请"进行查询，并可单独根据车辆信息查询并导出 Html、Word、Excel 格式报表。如图2.11.11所示。

（3）【车辆使用管理】供车辆管理员对申请使用的车辆进行审批处理，并列出已审批和使用中的车辆信息。如图2.11.12所示。

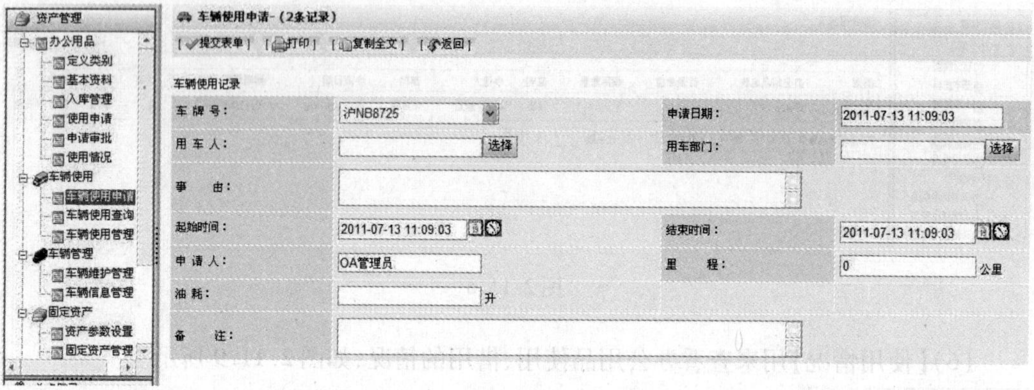

图 2.11.10

注:只能对车辆信息状态为"可用"的车辆进行使用申请。

图 2.11.11

图 2.11.12

三、车辆管理

对企业的车辆建立统一的信息库,并实时跟踪车辆的使用情况,包括车辆使用申请提交和审批、车辆申请分类管理、车辆使用情况查询、车辆维护记录添加和查询等功能。

(1)点击【车辆维护管理】可查看车辆由于损坏或保养而添加的维护记录,如图2.11.13所示。

图 2.11.13

(2)【车辆信息管理】可统一维护企业所有车辆信息,便于员工及时调用,如图2.11.14所示。

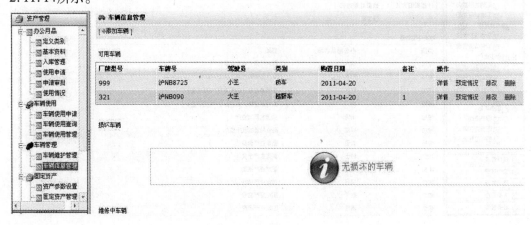

图 2.11.14

可添加新的车辆信息,并对已有车辆状态进行统一管理,更新车辆状态为可用、损坏、维修中、报废等,如图2.11.15 所示。

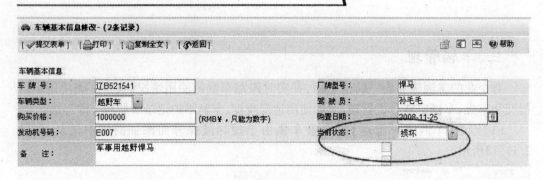

图 2.11.15

四、固定资产管理

固定资产管理包括【资产参数设置】【固定资产管理】【固定资产折旧】【固定资产查询】。可配置固定资产的折算参数,新建、修改、减少固定资产,形成统一规范的固定资产信息库,进行资产的折旧处理,并可对资产的情况进行统计、查询。想要全面地监控企业的固定资产情况,需要先对"资产参数""计提折旧方式"和"残值处理方式"进行设定。

(1)【资产参数设置】中详细列出了资产的折旧方式,以及资产增加或减少的类别,以便在增加资产、减少资产或折旧资产时调用。如图 2.11.16 所示。

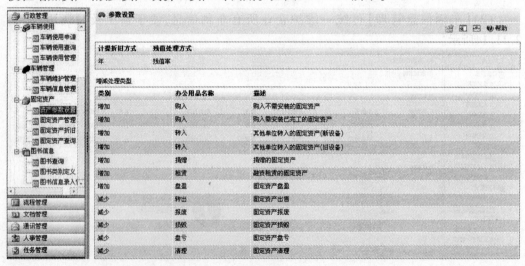

图 2.11.16

(2)【固定资产管理】统一维护企业内固定资产信息。可增加新的或减少已有的固定资产等。

①增加固定资产,可选择增加的类型,如图 2.11.17 所示。

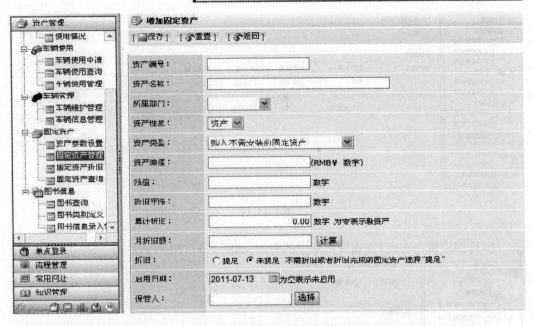

图 2.11.17

②减少固定资产,可选择减少的类型,如图 2.11.18 所示。

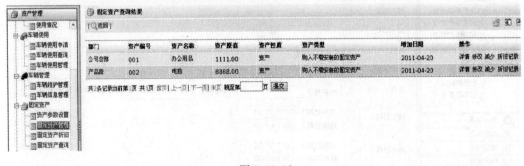

图 2.11.18

(3)【固定资产折旧】对定期需要折旧的固定资产进行的操作,如图 2.11.19 所示。

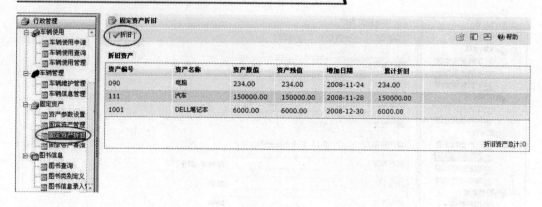

图 2.11.19

（4）【固定资产查询】查询资产库中的资产，如图 2.11.20 所示。

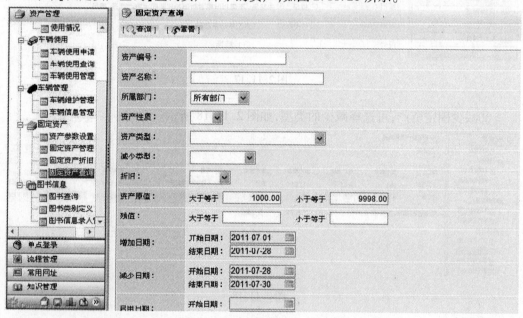

图 2.11.20

五、图书信息管理

图书信息管理包括【图书查询】【图书类别定义】【图书信息录入管理】等功能。可建立一个统一、完善的图书信息库，并及时跟踪图书的使用情况。

（1）【图书查询】可查看所有已借出图书的信息，如图 2.11.21 所示。

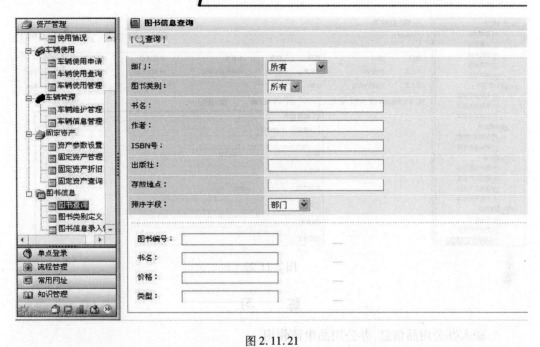

图 2.11.21

(2)【图书类别定义】对图书进行分类,便于按照不同分类快速搜索图书,可添加、修改、删除图书类别,如图 2.11.22 所示。

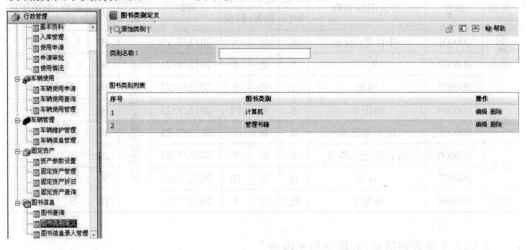

图 2.11.22

(3)【图书信息录入管理】用于维护公司内所拥有的所有图书信息资料,可新建、修改、删除图书信息,如图 2.11.23 所示。

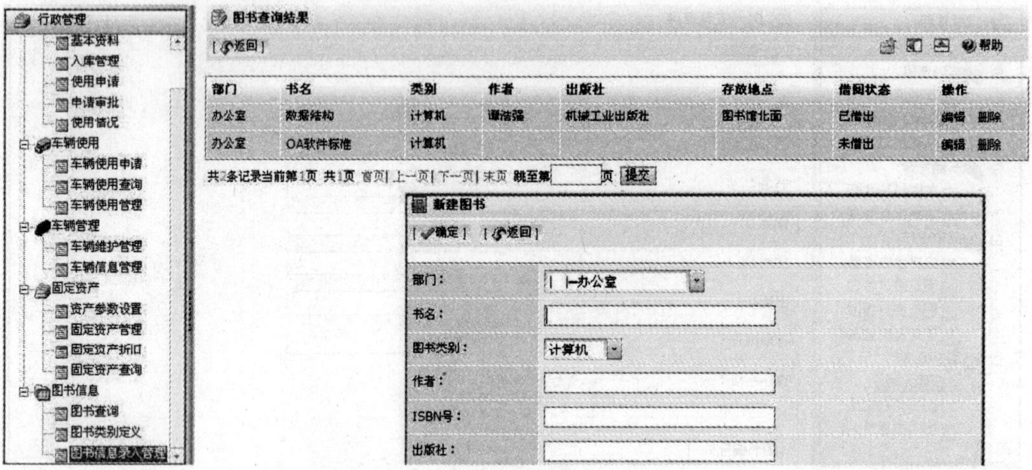

图 2.11.23

练　习

1.输入办公用品信息,办公用品申请领用。

表 2.11.4

类别	编号	办公用品名称	计量单位	是否预警	预警数量	入库时间	供应商	入库数量	单价	申请使用
笔类	000001	中性笔(蓝)	支	是	5	2012/7/23	哈尔滨新天地文化用品	30	1.5	20
	000002	笔芯	支	是	5	2012/7/23		30	0.5	
	000003	钢笔	支	是	2	2012/7/23		10	9	2
本类	000004	笔记本	本	是	10	2012/7/23		30	5	20
	000005	活页笔记本	本	是	3	2012/7/23		30	20	5
纸类	000006	活页笔记本内页	本	是	5	2012/7/23		20	10	
	000007	A4 纸	包	是	10	2012/7/23		50	30	
其他	000008	钢笔水	瓶	是	2	2012/7/23		10	6	1

2.输入车辆管理信息,并提交用车申请。

表 2.11.5

车牌号	类型	购买价格	驾驶员	当前状态	购置日期	买保险时间	年审时间
黑 A50329	轿车	20W	王嘉	可用	2012/6/23	2012/6/23	2012/6/23
黑 A23456	巴士	40W	赵鑫哲	可用	2012/7/23	2012/7/23	2012/7/23

表 2.11.6

车牌号	类型	用车人	用车部门	申请时间	用车时间	里程	用途
黑 A50329	轿车	朱峰	销售部	2012/9/10	2012/9/12 ~ 2012/9/13	30	拜访客户

实验十二

我的会议

一、会议申请

在提交会议申请前,可查看待批会议、批准会议、进行中会议等情况,再根据这些情况决定是否需要进行会议申请,如图 2.12.1 所示。此外,可对进行中的会议决定采用【结束】操作,如图 2.12.2 所示。

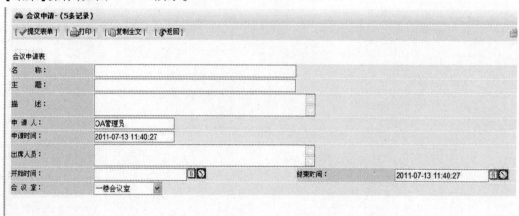

图 2.12.1

二、会议查询

可查询待批会议列表、批准会议列表、进行中会议列表、未准会议列表、已结束会议列表,并可再单独根据会议属性查询同时导出 Html 报表、Word 报表、Excle 报表,如图 2.12.3所示。

218

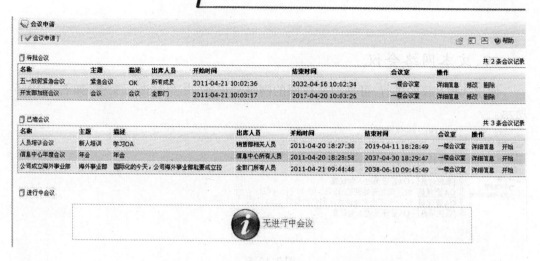

图 2.12.2

图 2.12.3

三、会议管理

可对待批会议或未准会议进行审批确认,并可对已准会议进行撤销申请操作,如图 2.12.4 所示。

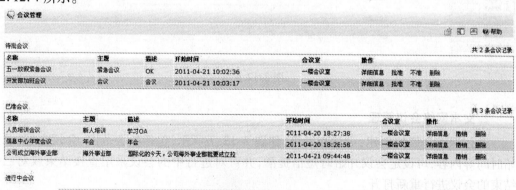

图 2.12.4

219

四、文本网络会议

便于远程会议的进行,可参与有权限的网络会议室,并及时进行交流,如图 2.12.5 所示。

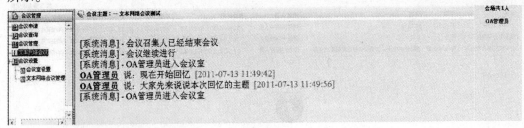

图 2.12.5

五、会议设置

1. 会议室设置

统一管理公司的会议室信息,可新建新的会议室,修改、删除已有会议室情况,如图 2.12.6 所示。

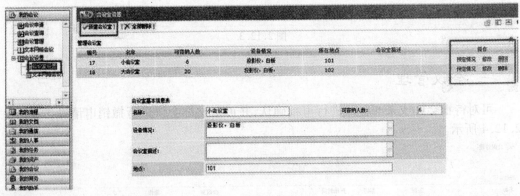

图 2.12.6

2. 文本网络会议管理

进行网络会议的创建、申请和发布,如图 2.12.7 所示,包括参会范围、会议主题、开始时间等内容,可设定会议开始时短信提醒,并可对进行中的会议采用直接结束或对已结束的会议进行重新打开。

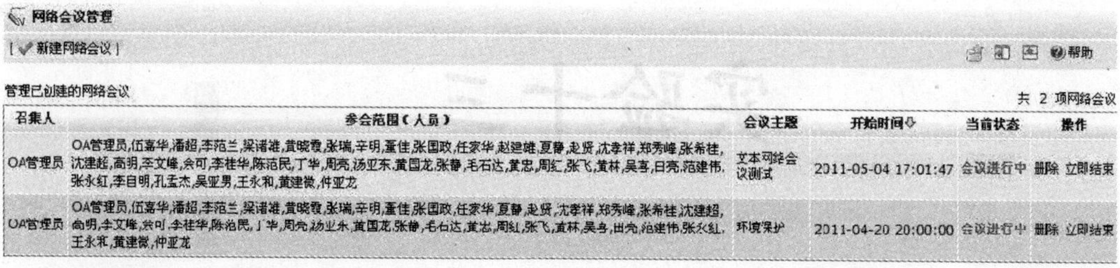

图 2.12.7

练　习

表 2.12.1　设置会议室

名称	可容纳人数	地点	设备情况
小会议室	6	101	投影、白板
大会议室	20	102	投影、白板

会议 1：全江海于 2012/10/10 日，申请日期 2012/10/12，15 点在大会议室召开销售部周总结会议，要求销售部全员参加。

会议 2：2012/10/15 早 9 点，总经理、副总经理及各部门部长召开网络会议，内容是汇报上周工作和制订本周工作计划。

实验十三

我的助手

一、网址设置

用于用户自行设置电话区号、邮政编码、列车时刻、公交路线、法律法规、英汉等常用的网站地址,如图 2.13.1 所示。

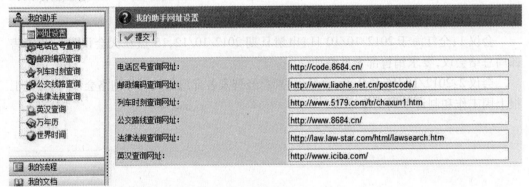

图 2.13.1

二、电话区号查询

根据自行设置的电话区号查询地址,系统自动跳转到该页面,供用户快速查询电话区号使用,如图 2.13.2 所示。

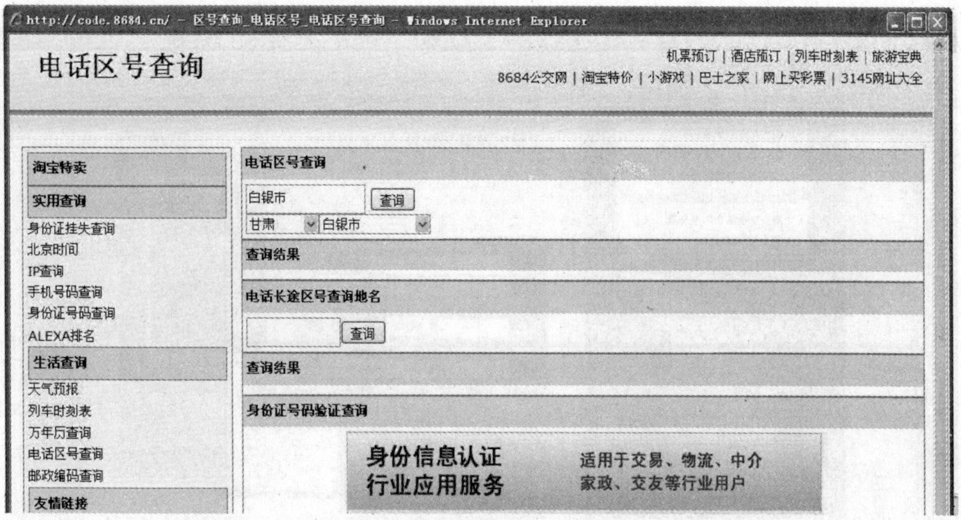

图 2.13.2

三、邮政编码查询

根据自行设置的邮政编码查询地址,系统自动跳转到该页面,供用户快速查询邮政编码使用,如图 2.13.3 所示。

图 2.13.3

四、列车时刻查询

根据自行设置的列车时刻查询地址,系统自动跳转到该页面,供用户快速查询列车时刻表使用,如图 2.13.4 所示。

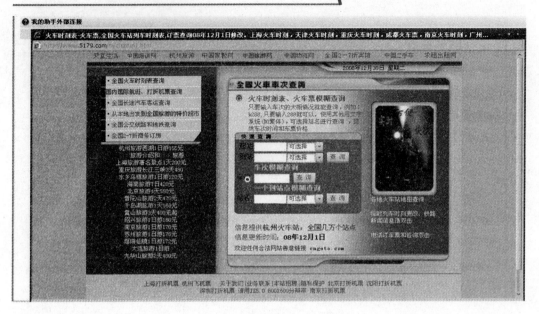

图 2.13.4

五、公交线路查询

根据自行设置的公交路线查询地址,系统自动跳转到该页面,供用户快速查询公交路线表使用,如图 2.13.5 所示。

图 2.13.5

六、法律法规查询

根据自行设置的法律法规查询地址,系统自动跳转到该页面,供用户快速查询所需要了解的法律法规使用,如图 2.13.6 所示。

图 2.13.6

七、英汉查询

根据自行设置的英汉查询地址,系统自动跳转到该页面,供用户查询英汉对比使用,如图 2.13.7 所示。

图 2.13.7

八、万年历

根据自行设置的万年历查询地址,系统自动跳转到该页面,供用户快速查询日期使用,如图2.13.8所示。

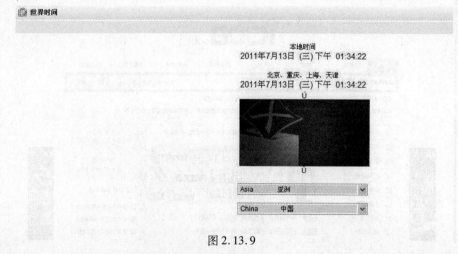

图 2.13.8

九、世界时间

根据自行设置的世界时间查询地址,系统自动跳转到该页面,供用户快速查询时间使用,如图 2.13.9 所示。

图 2.13.9

实验十四

信息中心

一、RSS 资讯

资讯订阅就是免费的网络报纸,免费的"竞争情报"!在这里可以看到你关注的、每日最新最全的信息!集成 RSS 功能,可以通过 OA 直接收集网上相关新闻动态、资料信息,增强 OA 实际信息获取渠道。同时可以将信息放置于首页显示,满足大家关注各类信息的需求。

(1)点击【阅读资讯】即可查看已经设定好的 RSS 通道抓取过来的信息,如图 2.14.1所示。

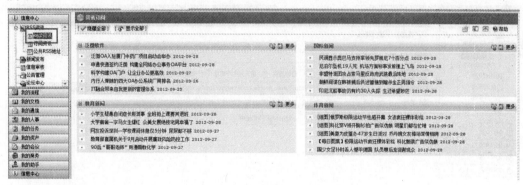

图 2.14.1

(2)点击【订阅资讯】进入【新建资讯订阅】界面,如图 2.14.2 所示。

①【标题】显示资讯的展示信息。

②【来源类型】分为"自动搜索"和"自定义 RSS 地址"两类。

③【显示数目】显示新闻的数目,默认是 5 条。

④【关键词】选择"自动搜索"时,可设置关键词自动搜索资讯。

⑤【共享 RSS】将该 RSS 地址,存放入公共 RSS 地址中,共享给其他用户。

⑥【自动搜索】:只需输入关键字,例如"泛微",系统自动获取网络中所有关于"泛

微"的最新资讯内容或网页(系统默认百度搜索的结果)。

⑦【自定义 RSS 地址】:新建或选取公共 RSS 地址,自动推送更新信息。点击【公共 RSS 地址】选择一条自己关注的地址即可。如果没有找到需要的信息,则需在网上搜索需要的 RSS 地址,直接复制/粘贴进来即可。

(3)【公共 RSS 地址】设置为公共 RSS 地址后,资讯可共享给企业内部所有员工。订阅地址没有任何限制,大家可以订阅任意网站上的 RSS 资讯。如图2.14.3 所示。

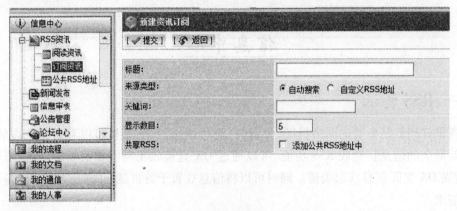

图 2.14.2

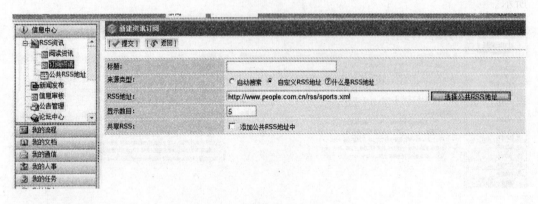

图 2.14.3

二、新闻发布

用于发布、修改、删除、查询、评论和置顶新闻,包括图文显示、排序、查询、模板等操作。查看新闻列表包括标题、发布人、发布时间、浏览量、评论数等成功发布的新闻。新闻发布功能的实现需结合信息审核功能来完成,即发布的新闻需提交审核,通过审核批准才能正式发布,详细说明如下:

①同时具有信息审核和新闻发布权限的用户,在新建新闻时,新闻属性有"草稿"和

"正式发布"两种。若选择"草稿",该新闻只是在创建人的新闻发布中显示,可通过修改属性为"正式发布"来发布该新闻;若选择"正式发布",则新闻不再需要审核,已正式发布。

②有新闻发布而没有信息审核权限的用户,在新建新闻时,新闻属性有"草稿"和"提交审核"两种。若选择"草稿",该新闻只是在创建人的新闻发布中显示,可通过修改属性为"提交审核";若选择"提交审核",则新闻被提交给具有信息审核权限的人来审核批准。若新闻被审核批准,则可正式发布;若被审核拒绝,则该新闻属性将会变成"草稿"属性。

③新闻属性为"草稿"、新闻未被审核批准以及新闻被审核拒绝这三种情况下,相应的新闻在创建人的新闻发布信息列表中的新闻标题显示灰色。

④正式发布的新闻将会显示在首页的新闻中心元素中,所有添加新闻中心元素的用户都可浏览,并可在新闻中心元素中编辑新闻元素的相关属性来达到不同的浏览效果。

(1)点击【新闻发布】→【类别管理】设置新闻类别,如图2.14.4和2.14.5所示。

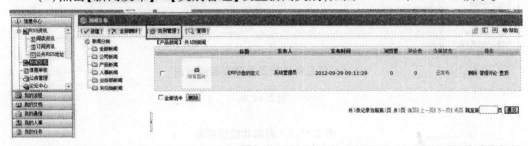

图2.14.4

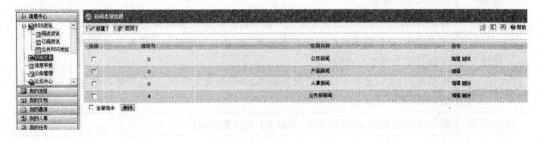

图2.14.5

(2)发布新闻者如果没有信息审核权限,那么发布新闻时,必须选择"提交审核",只有审核通过,该新闻才可被真正发布,如图2.14.6(a)所示。如果具有信息审核权限,则可以直接选择"正式发布"属性,直接发布新闻,如图2.14.6(b)所示。

(3)【字段控制】当前节点的办理人可以在表单内进行操作的字段,见表2.14.1。

(a)无信息审核权限者发布新闻页面

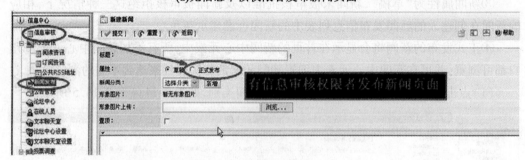

(b)有信息审核权限者发布新闻页面

图 2.14.6

表 2.14.1 新闻功能说明表

字段名称	功能说明	必填
标题	新闻发布的标题	√
属性	草稿:保存后,在新闻浏览页面用户看不到这条新闻,新闻标题为灰色 正式发布:有信息审核权限者发布新闻,新闻正式被发布后所有人都可以在首页和工具栏中查阅 提交审核:无信息审核权限者发布新闻,必须先提交审核,信息审核者批准后,该新闻可正式发布	√
新闻分类	新闻所属的类别,也可以不选,默认为【未归类新闻】	
形象图片	新闻的形象图片,在新闻阅读栏中显示形象图片。此外,在首页按照图片模式展现时,显示新闻	
置顶	该新闻放置在显示的第一位上	

(3)创建新闻后,返回新闻列表页面,"草稿""提交审核"属性的新闻标题灰体显示,表示该新闻未正式发布;反之已发布的新闻,其标题是蓝色字体显示,如图 2.14.7 所示。

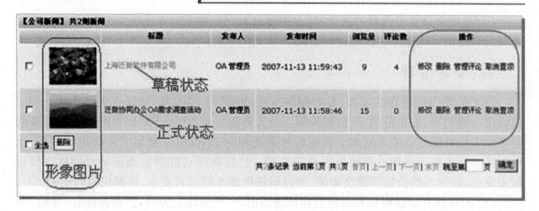

图 2.14.7

三、信息审核

（1）信息审核者可点击【信息中心】→【信息审核】→【新闻审核】确定是否批准新闻发布,如图 2.14.8 所示。

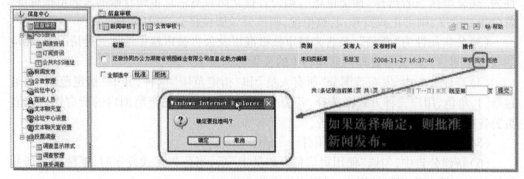

图 2.14.8

（2）阅读新闻:每个用户的首页都默认显示"新闻中心",如没有可以通过首页元素添加按钮,添加"新闻中心"到首页中;或者也可以在工具栏中点击【新闻】工具阅读新闻,如图 2.14.9 所示。

图 2.14.9

注:每个用户的工具栏中都默认显示【新闻】工具,如果需要去掉,可联系相关管理员到【系统管理】→【界面设置】→【工具栏设置】中取消。

（3）系统管理员可选择列表上的【全部删除】按钮，删除所有人创建的新闻；其他人员选择此按钮则只能删除自己创建的新闻。

四、公告管理

用于管理公告通知的发布，具有编辑标题、内容，上传附件，快速查询等功能。同时可设定有效期限、发布范围、短信提醒等。公告通知发布者进入【公告管理】后，可以查阅有多少人已查看公告或者通知。发布公告或通知时，不仅可以制定发布的生效时间，也可以手动终止公告通知或者使公告通知生效。公告管理功能的实现需结合信息审核权限来完成，即发布的公告须提交审核，通过审核批准才能正式发布，详细说明如下：

（1）同时具有信息审核和公告管理权限的用户，在新建公告时，公告属性有"草稿"和"正式发布"两种。若选"草稿"，该公告则只在创建人的公告管理中显示，可通过修改属性为"正式发布"来发布该公告；若选择"正式发布"，则公告不需要再审核，已正式发布。

（2）有公告管理而没有信息审核权限的用户，在新建公告时，公告属性有"草稿"和"提交审核"两种，若选择"草稿"，则该公告只在创建人的公告管理中显示，可通过修改属性为"提交审核"；若选择"提交审核"，则公告提交给具有信息审核权限的人来审核批准。若公告被批准，则可正式发布；若被拒绝，则该公告属性将会变成"草稿"。

（3）公告属性为"草稿"、公告未被审核批准以及公告被审核拒绝这三种情况下，相应的公告在创建人的公告管理信息列表中的公告标题显示灰色。

（4）新建公告中，发布范围分"所有人员"和"指定范围"两种，其中"指定范围"可通过部门、角色、用户三种方式来选择，若公告已正式发布，则发布范围内的所有用户在首页公告中心元素中都可浏览该公告。

（5）新建公告中，可添加多个附件。

（6）新建公告中，勾选"使用短信息提醒员工"后，当公告正式发布时，系统会发送短信给具有浏览公告权限的用户，提醒用户浏览公告。

注：发布、审核、阅读的操作与新闻发布类似。

五、论坛中心

用户可就某个主题进行发帖、回复，并可对帖子进行排列、查询，查看精华帖子和积分榜等。

（1）点击【论坛中心】，进入【讨论区】界面，如图2.14.10所示。

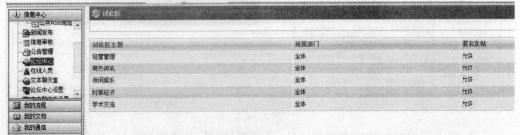

图2.14.10

232

（2）选择已经设定好的"讨论区主题"，如图 2.14.11 所示。

图 2.14.11

（3）选择此主题下的文章标题就可以直接回复，如图 2.14.12 所示。

图 2.14.12

六、在线人员

显示当前登录系统的所有人员，在此处可以直接向其发送内部消息或内部邮件，如图 2.14.13 所示。

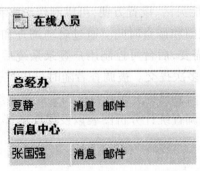

图 2.14.13

七、文本聊天室

（1）选择一个聊天室，输入昵称后进入聊天室，如图 2.14.14 所示。聊天室左侧显示所有进入该聊天室人员的昵称,聊天室最下方是发言区。

(2)选择发言对象:可以选择全体,也可从左侧名单中选择一个人员。

(3)选择字体颜色。

(4)可选择发言方式"悄悄话"。

(5)输入发言内容,点击【发言】。

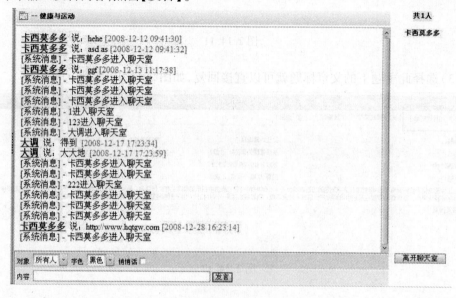

图 2.14.14

八、投票调查

【在线投票调查】的功能灵活、设置方便,可以制作出多种类型的调查问卷以及投票表,有针对性地发布调查范围和调查时间。通过启动调查和终止调查,使发布的调查表生效或者无效。根据调查需要,后台可控制用户登录系统后是否立刻弹出网页调查表,也可控制相同 IP 是否允许多次提交。被调查者随时可以打开【接受调查】页面,接受调查或者投票,而且可以在线看到已提交调查数量和当前调查统计分析图表。管理员打开调查结果后,不仅可以看到调查统计分析图表以及提交的详细数据和提交日志,而且可以导出调查结果。

1.调查表格式

(1)创建调查表。

①创建表:包括名称、显示样式、限制重复(指不能重复投票)、调查对象、说明、开始时间、结束时间,如图 2.14.15 所示。

②创建方法:系统管理员登录系统,在【信息中心】→【投票调查】→【调查管理】中点击【新建调查表】,填写调查表基本信息后按【提交】。

(2)设置调查表问题。

调查表新建完成后,可打开调查表设置页面进行调查问题的设置。

注:①调查对象登录系统时,系统会自动弹出投票调查表,接受调查;

②在“我的主页”设置中,可以将接收投票调查设置为首页内容;

③投票调查可以进行表单的时间、发布范围、调查说明、题型(单选、多选、文本框、多行文本框、下拉菜单等)等的设计,调查结果可导出统计报表。

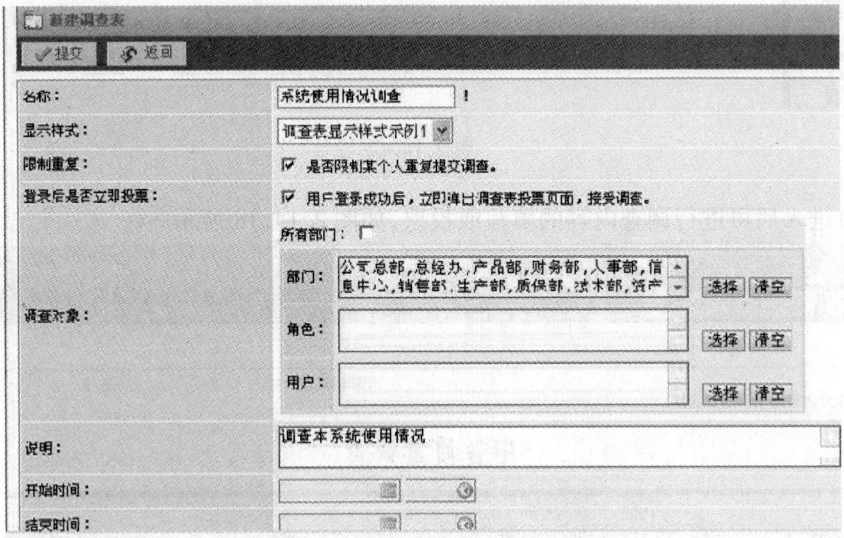

图 2.14.15

2. 调查管理

可创建新的调查表,终止、维护已有的调查表,如图 2.14.16 所示。

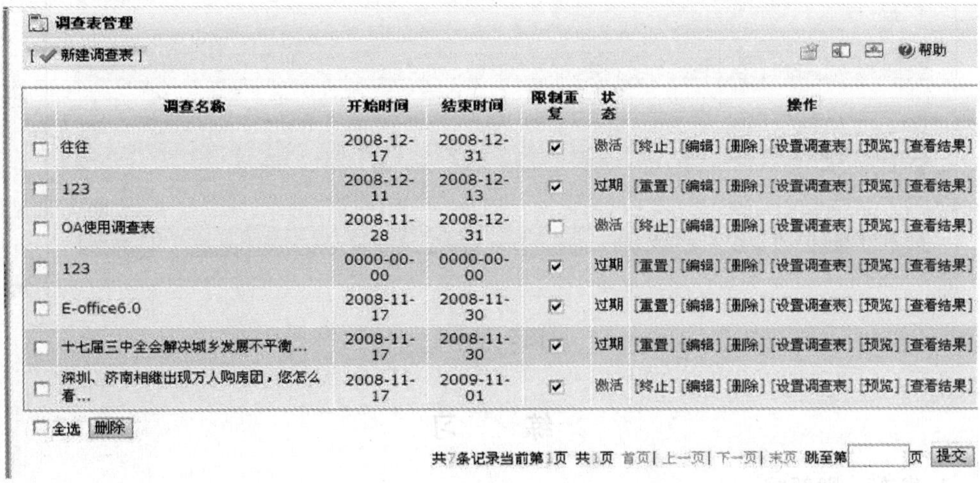
调查表管理

[新建调查表]　帮助

调查名称	开始时间	结束时间	限制重复	状态	操作
往往	2008-12-17	2008-12-31	☑	激活	[终止] [编辑] [删除] [设置调查表] [预览] [查看结果]
123	2008-12-11	2008-12-13	☑	过期	[重置] [编辑] [删除] [设置调查表] [预览] [查看结果]
OA使用调查表	2008-11-28	2008-12-31	☐	激活	[终止] [编辑] [删除] [设置调查表] [预览] [查看结果]
123	0000-00-00	0000-00-00	☑	过期	[重置] [编辑] [删除] [设置调查表] [预览] [查看结果]
E-office6.0	2008-11-17	2008-11-30	☑	过期	[重置] [编辑] [删除] [设置调查表] [预览] [查看结果]
十七届三中全会解决城乡发展不平衡...	2008-11-17	2008-11-30	☑	过期	[重置] [编辑] [删除] [设置调查表] [预览] [查看结果]
深圳、济南相继出现万人购房团,您怎么看...	2008-11-17	2009-11-01	☑	激活	[终止] [编辑] [删除] [设置调查表] [预览] [查看结果]

全选 删除

共7条记录当前第1页 共1页 首页|上一页|下一页|末页 跳至第　页 提交

图 2.14.16

3. 接受调查

(1)点击【接受调查】选择未终止的调查内容,如图 2.14.17 所示。

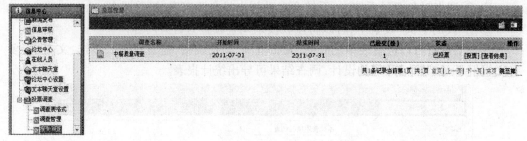

图 2.14.17

(2)进入后可进行调查内容的填写或投票,如图 2.14.18 所示。

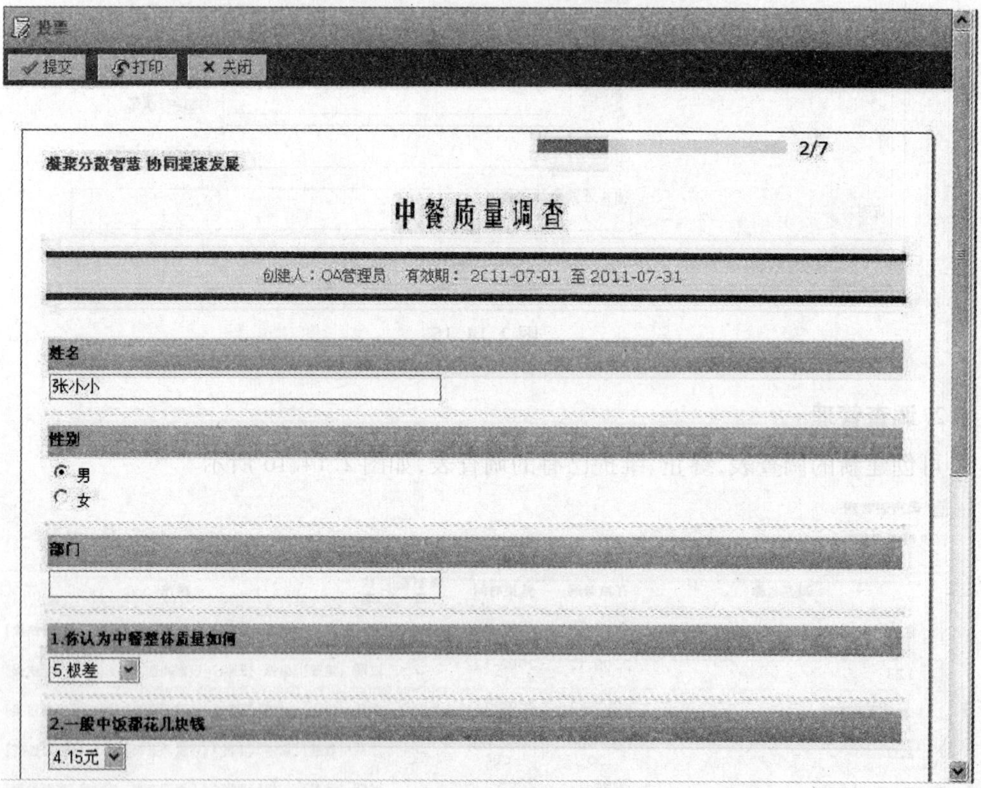

图 2.14.18

练　习

1. 发布一则新闻。
2. 发布一条公告。

实验十五

图形报表、我的相册

一、图形报表

图形报表主要用于图形化展示系统内相关功能的数据,便于用户直观查看到相关数据。图形报表是文档的一部分,可继承基础文件目录的所有权限。

1. 查看报表

(1)点击【图形报表】菜单的【查看报表】子菜单,可查看用户有权限查看的所有报表,点击名称进入具体某个报表就可以看到该报表的正文。如图2.15.1所示。

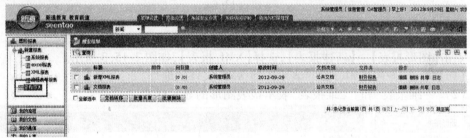

图 2.15.1

(2)用户也可以在"公共文档"目录下查看到报表标题,点击标题后可查看所有报表正文内容。

注:报表查看页面的操作同查看文档的操作,包括【全部选中】【文档转移】【批量共享】【批量删除】。

2. 新建报表

点击【图形报表】,选择新建报表类型,填写相关信息后【提交】即可。如图2.15.2所示,以新建【系统报表】为例,具体步骤如下:

(1)在左侧菜单区单击【系统报表】,在右侧"系统模块"的下拉菜单中选择要新建的报表模块。

(2)"系统模块"的改变将对应字段"搜索条件""选择 X 轴"" 字段"的改变。

(3)"选择 X 轴"和"字段"的参数对应报表图形的显示。

(4)"显示个数"表示 X 轴的字段数。

237

（5）"数据排序"表示 X 轴的字段值以 Y 轴统计数量作为排序依据。

（6）"数据类型"包括"动态数据"和"静态数据"两类，"动态数据"表示报表统计包括当前及以后的数据；"静态数据"表示报表统计至当前数据。

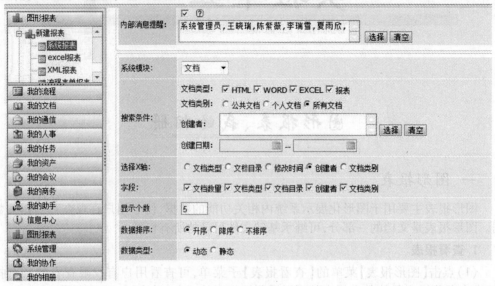

图 2.15.2

3. 新建 XML 报表

点击【图形报表】→【新建报表】，选择【XML 报表】，如图 2.15.3 所示。

（1）红色方框中"XML 地址"表示本地 XML 文件的地址。

（2）"一维报表"和"二维报表"表示报表图形的显示样式。

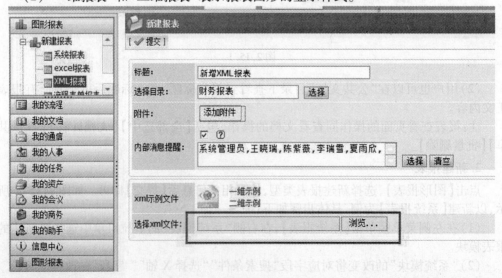

图 2.15.3

4.报表共享

与"公共文档"共享操作一致,如图 2.15.4 所示。

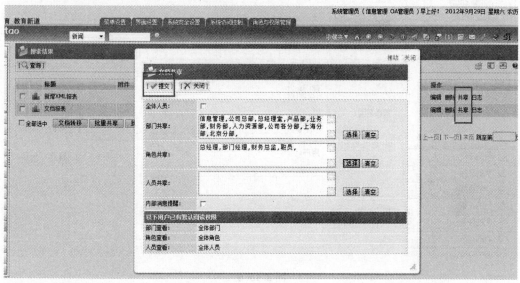

图 2.15.4

二、我的相册

1.查看相册

点击【我的相册】→【查看相册】,即可查看【所有相册】【个人相册】【公司相册】等,如图 2.15.5 所示。

图 2.15.5

2.新建相册

点击【我的相册】→【新建相册】,填写相关信息后按【提交】即可,如图 2.15.6 所示。

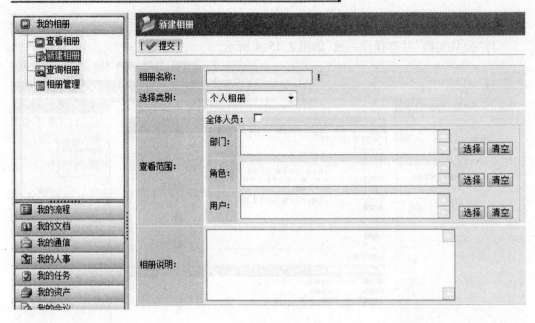

图 2.15.6

3. 查询相册

点击【我的相册】→【查询相册】,即可查询【我的相册】中的相册。

4. 相册管理

(1)点击【我的相册】→【相册管理】,即可为已有相册进行分类或排序,如图 2.15.7 所示。

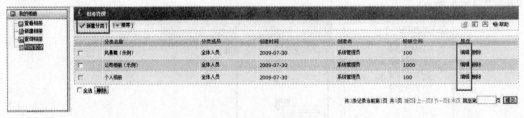

图 2.15.7

(2)点击【我的相册】→【相册管理】选择"编辑",进入相册编辑页面,可编辑的内容 包括:分类名称、相册空间、分类序号、成员范围、成员权限、监理人员及分类说明。如图 2.15.8所示。

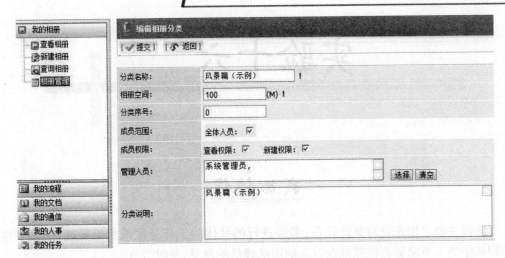

图 2.15.8

练　　习

新建一个以自己名字为相册名的相册,并上传 1～2 张图片。要求:全体人员可以查看。

实验十六

我的协作

协作主要是用来针对某件任务、事件进行的具体的工作分配或成果展现,使某个虚拟团队中的人员能够更快速地获取其他团队成员的意见,及时交流。

一、新建协作

点击【我的协作】→【新建协作】新建需要协作的主题,并选择对应的参与人员,如图2.16.1所示。

(1)【主题】填写本次协作的主题名称,宜简单扼要。

(2)【类别】对本次协作进行分类处理。

(3)【成员范围】选择参与此次协作的人员。

(4)【时间】一般情况下包括本次协作的起始和结束时间。

(5)【详细内容】对本次协作进行详细描述。

(6)管理人员可选择成员对此次协作的维护管理的权限。

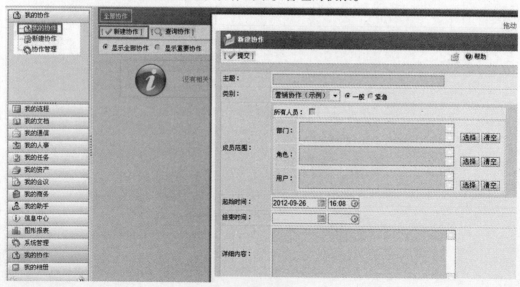

图 2.16.1

二、协作查看

可查看本人参与的协作主题,点击【我的协作】,如图 2.16.2 所示。

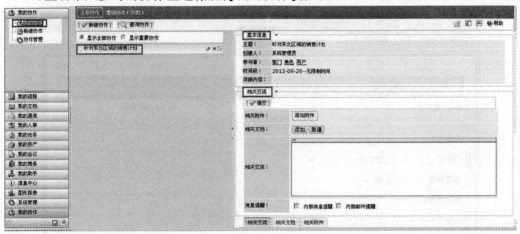

图 2.16.2

三、协作回复

针对协作的主题可发表自己的意见,同时也可选择 OA 中的文档或上传附件共享给其他用户。

在"相关交流"中,参与者可以进行沟通并共享文档、附件等,如图 2.16.3 所示。

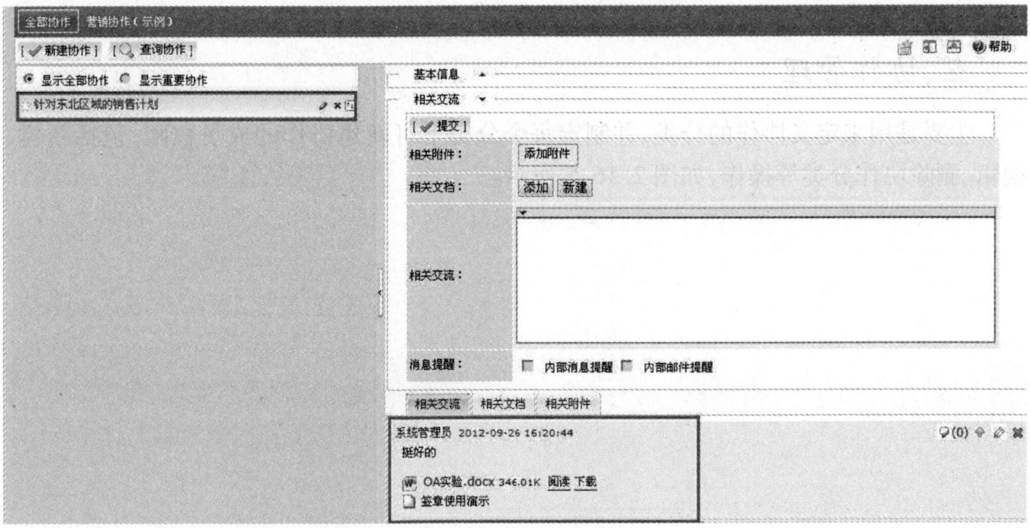

图 2.16.3

四、查询协作

可根据协作条件(如主题、类别、重要程度、创建时间、创建人、管理人员)组合查询已有的历史协作内容,如图2.16.4所示。

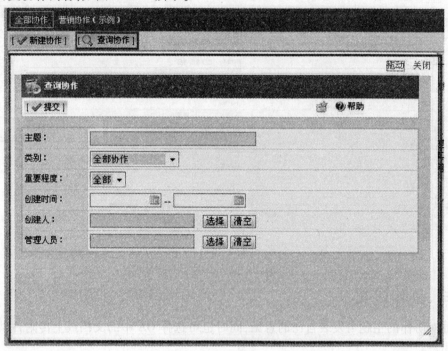

图2.16.4

五、协作管理

主要是用来定义协作的分类,并制定每个分类下可新建协作的成员权限,包括新建、编辑、删除协作分类等操作,如图2.16.5所示。

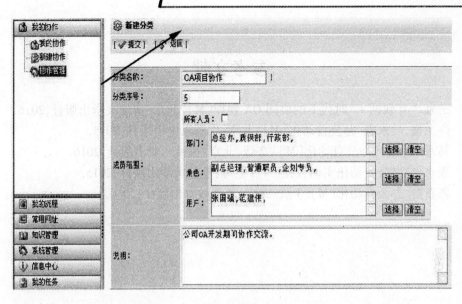

图 2.16.5

练 习

1. 新建一个协作分类,以销售部、研发部、质量服务部的"售后协作"作为分类依据,编号是 1。

2. 新建一主题是"售后服务"的协作,协作类别是"售后协作紧急";协作人员有质量服务部叶恩阳、销售部蔡春光、研发部张瑜;由蔡春光管理,协作时间是 2012/10/20 ～ 2012/10/22。

参考文献

[1]　王泉."互联网＋"时代下的协同 OA 管理[M].北京:清华大学出版社,2016.

[2]　许大盛,吴永春.办公自动化[M].北京:水利水电出版社,2015.

[3]　马永涛.现代办公自动化[M].2 版.北京:机械工业出版社,2016.

[4]　张永忠.办公自动化实训教程[M].上海:复旦大学出版社,2015.

[5]　郭春燕.办公自动化[M].3 版.北京:高等教育出版社,2016.